新视野电子电气科技丛书

COMMON DIGITAL INTEGRATED CIRCUIT
DESIGN AND SIMULATION

常用数字集成电路
设计和仿真

杜树春　编著

清华大学出版社
北　京

内 容 简 介

本书介绍常用数字集成电路的设计和仿真,由大量的数字集成电路经典实例所组成。对于大多数实用电路,既有电路原理图,也有对应的 Proteus 调试图,还有反映调试结果的各种图表。本书所有的数字电路实例都是采用 Proteus 仿真和调试软件完成的。

本书图文并茂,取材新颖,资料丰富,实用性强,既适合初学者,也适合有一定基础的读者。

图书在版编目(CIP)数据

常用数字集成电路设计和仿真/杜树春编著.—北京:清华大学出版社,2020.7
(新视野电子电气科技丛书)
ISBN 978-7-302-55519-3

Ⅰ.①常… Ⅱ.①杜… Ⅲ.①数字集成电路-电路设计 Ⅳ.①TN431.2

中国版本图书馆 CIP 数据核字(2020)第 089479 号

责任编辑:文   怡
封面设计:王昭红
责任校对:徐俊伟
责任印制:宋   林

出版发行:清华大学出版社
    网　　　址:http://www.tup.com.cn,http://www.wqbook.com
    地　　　址:北京清华大学学研大厦 A 座　　　　邮　　编:100084
    社 总 机:010-62770175　　　　邮　　购:010-62786544
    投稿与读者服务:010-62776969,c-service@tup.tsinghua.edu.cn
    质量反馈:010-62772015,zhiliang@tup.tsinghua.edu.cn
    课件下载:http://www.tup.com.cn,010-83470236
印 装 者:三河市宏图印务有限公司
经　　销:全国新华书店
开　　本:185mm×260mm　　印　张:14.25　　　　字　　数:347 千字
版　　次:2020 年 7 月第 1 版　　　　　　　　　　印　　次:2020 年 7 月第 1 次印刷
印　　数:1~1500
定　　价:59.00 元

产品编号:087849-01

前 言

随着信息时代的到来,集成电路在各行各业发挥着极其重要的作用。本书将数字电子技术基本理论知识和应用电路调试结合在一起,旨在让读者在熟悉数字电路基本理论知识的同时,掌握基本电路实验和仿真的技能,进而提高动手能力及电路调试水平。

本书介绍常用数字集成电路的使用方法,包含大量的数字集成电路经典实例。对于大多数实用电路,既有电路原理图,也有对应的 Proteus 调试图,还有反映调试结果的各种图表。

本书的最大特色在于所有的数字电路实例都是采用 Proteus 仿真和调试软件完成的。目前有很多种电子设计软件,但说到适用范围广、操作方便、效果逼真,还是要数 Proteus 软件。使用 Proteus 分析方法比传统的调试方法优越得多。传统方法是将实际的集成电路和电阻、电容等连接起来调试。新方法的调试步骤:先在计算机上用仿真软件绘制电路原理图,然后用仿真软件进行调试,调试好后再按照调试结果,将实际集成电路和电阻、电容等焊接起来。这种"纸上谈兵"式的调试方法可大大加快开发进度,降低开发费用。

本书共分 17 章。

第 1 章 基本逻辑门逻辑功能测试与应用。

第 2 章 特殊门电路。

第 3 章 加法器及其应用。

第 4 章 编码器及其应用。

第 5 章 译码器及其应用。

第 6 章 数值比较器。

第 7 章 奇偶校验器。

第 8 章 数据选择器及其应用。

第 9 章 触发器及其应用。

第 10 章 计数器及其应用。

第 11 章 集成移位寄存器及其应用。

第 12 章 脉冲分配器及其应用。

第 13 章 555 定时器及其应用。

第 14 章 单稳态触发器与施密特触发器。

第 15 章 三态缓冲器/线驱动器。

第 16 章 模拟电机运转规律控制电路。

第 17 章 智力竞赛抢答装置。

配套电子资源包中有本书所有实例的仿真原理图文件(.pdsprj),直接运行 Proteus 软件就可以仿真和调试,读者还可通过修改元件及其参数来观察结果的改变。为了读者查找方便,书末附有"全书实例索引",见附录 B。

在用 Proteus 软件绘制的电路原理图中,电容的单位 μF、nF、pF 分别写为 u、n、p。当电阻的单位是 kΩ 和 MΩ 时,对应的表示法是 k 和 M;当电阻的单位是 Ω 时,只用纯数字表示,如 100,就表示 100Ω。此外,符号不能使用下标,如 R_F,只能写为 RF。

本书所有实例均已在 Proteus 8.0 下调试通过。Proteus 软件的基本用法参见附录 A。

目前,一般的工科院校电子信息、自动化、电气工程、测控技术、通信、计算机、机电等专业都开设有数字电子技术课程,本书可作为学生学习这门课程的辅助教材。

本书图文并茂,取材新颖,资料丰富,实用性强。本书适合三部分人阅读或参考:一是学习数字电子技术的大中专院校在校学生;二是与电子专业有关的广大工程技术人员;三是广大电子科技爱好者。

本书在编写过程中,参考了国内外的许多优秀教材,这些已列在书末的参考文献中,得到了清华大学出版社的帮助和支持。在此,向以上单位和个人表示衷心感谢。

由于编著者水平有限且时间仓促,书中难免存在缺点和错误,恳请读者批评指正。

编　者

2020 年 6 月

扫描二维码,下载电子资源包

目 录

第1章

基本逻辑门逻辑功能测试与应用

1.1 设计目的

(1) 了解 TTL 门电路的功能。

(2) 了解 CMOS 门电路的功能。

(3) 掌握 TTL 门电路多余输入/输出端的处理方法。

(4) 掌握 CMOS 门电路多余输入/输出端的处理方法。

(5) 掌握数字电路 74LS00、74LS86、74LS54 的功能及其使用方法。

1.2 设计原理

1. 对 TTL 门电路和 CMOS 门电路多余脚的处理

在数字电路中,最基本的逻辑门可归结为与门、或门和非门。实际应用时,它们可以独立使用,但使用更多的是经过逻辑组合后的复合门电路。常见的复合门有与非门、或非门、与或非门和异或门等。

目前,广泛使用的门电路有 TTL 门电路和 CMOS 门电路。TTL 门电路在数字集成电路中应用最广泛,其输入端和输出端的结构形式都采用了半导体三极管。这种电路的电源电压为 +5V,高电平典型值为 3.6V($\geqslant 2.4$V,合格);低电平典型值为 0.3V($\leqslant 0.45$V,合格)。

有时门电路的输入端多余无用,因为对 TTL 电路来说,悬空相当于"1",所以对不同的逻辑门,其多余输入端的处理也不同。

1) 对 TTL 门电路多余脚的处理

(1) TTL 与门、与非门多余输入端的处理。图 1-1 所示为四输入端与非门,若只需用两个输入端 A 和 B,那么另两个多余输入端的处理方法是并联、悬空或通过电阻接高电平使用,这是 TTL 型与门、与非门的特定要求。在三种方法中,多余输入端通过电阻接高电平使用这种方法较好。

(2) TTL 或门、或非门多余输入端的处理。图 1-2 所示为四输入端或非门,若只需用两个输入端 A 和 B,那么另两个多余输入端的处理方法是并联、接低电平或接地。

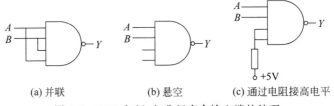

(a) 并联   (b) 悬空   (c) 通过电阻接高电平

图 1-1 TTL 与门、与非门多余输入端的处理

（3）异或门多余输入端的处理。异或门是由基本逻辑门组合成的复合门电路。图 1-3 所示为两输入端异或门，一输入端为 A，若另一输入端接低电平，则输出仍为 A；若另一输入端接高电平，则输出为 $\bar{A}$，此时的异或门称为可控反相器。

(a) 并联   (b) 接低电平或接地

图 1-2 TTL 或门、或非门多余输入端的处理

图 1-3 异或门多余输入端的处理

2）对 CMOS 门电路多余脚的处理

CMOS 门电路由 NMOS 和 PMOS 管组成，初始功耗只有 mW 级，电源电压变化范围达 3～18V。它的集成度很高，易制成大规模集成电路。

由于 CMOS 电路输入阻抗很高，容易受静电感应而造成极间击穿，形成永久性的损坏，所以，在工艺上除了在电路输入端加保护电路外，使用时还应注意以下 6 点：

（1）器件应在导电容器内存放。

（2）V_{DD} 接电源正极，V_{SS} 接电源负极，不容许反接。拔插集成电路时，必须切断电源，严禁带电操作。

（3）多余输入端不允许悬空，应按照逻辑要求处理接电源或接地。

（4）器件的输入信号不允许超出电源电压范围，或者说输入端的电流不得超过 10mA。

（5）CMOS 电路的电源电压应先接通，再接入信号，否则会破坏输入端的结构。工作结束时，应先切断输入信号再切断电源。

（6）CMOS 电路不能以线与方式进行连接。

另外，CMOS 电路不使用的输入端不能悬空，应采用下列方法处理：

（1）对于 CMOS 与门、与非门多余端的处理方法有两种：多余端与其他有用的输入端并联使用，或将多余输入端接高电平，如图 1-4 所示。

（2）对于 CMOS 或非门多余端的处理方法也有两种：多余端与其他有用的输入端并联使用，或将多余输入端接地，如图 1-5 所示。

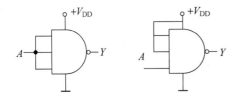

图 1-4 CMOS 与门、与非门多余输入端的处理

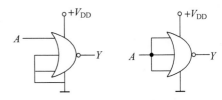

图 1-5 CMOS 或非门多余输入端的处理

2. 若干 TTL 门电路芯片

1）74LS00

74LS00 是四 2 输入与非门电路,其引脚排列如图 1-6 所示。图 1-7 为与非门逻辑功能测试图。其逻辑函数式为 $Y=\overline{AB}$,与非门逻辑真值见表 1-1。

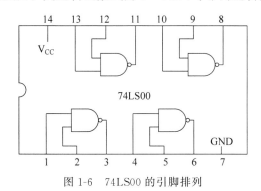

图 1-6   74LS00 的引脚排列

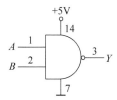

图 1-7   与非门逻辑功能测试图

表 1-1   与非门逻辑真值表

A	B	Y	A	B	Y
0	0	1	1	0	1
0	1	1	1	1	0

2）74LS54

74LS54 是 2-3-3-2 输入的与或非门电路,74LS54 的引脚排列及逻辑功能图如图 1-8 所示。其逻辑函数式为 $Y=\overline{AB+CDE+FGH+IJ}$。

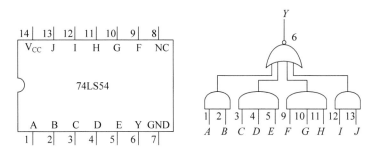

图 1-8   74LS54 的引脚排列及逻辑功能图

3）74LS86

74LS86 是四 2 输入异或门电路,其引脚排列如图 1-9 所示。图 1-10 为异或门逻辑功能测试图。其逻辑函数式为 $Y=A\oplus B$,异或门逻辑真值见表 1-2。

表 1-2   异或门逻辑真值表

A	B	Y	A	B	Y
0	0	0	1	0	1
0	1	1	1	1	0

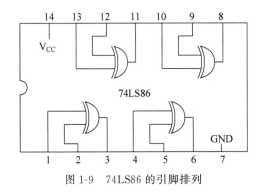

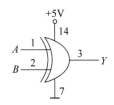

图 1-9　74LS86 的引脚排列　　　　　图 1-10　异或门逻辑功能测试图

1.3　用 Proteus 软件仿真

【实例 1.1】　四 2 输入与非门 74LS00 的功能测试电路如图 1-11 所示。74LS00 的输入 1 脚和 2 脚,分别接开关 SW1 和 SW2;74LS00 的输出端 3 接一个虚拟直流电压表,以测量电位的高低。

将开关 SW1 和 SW2 都接高电位(+5V),执行仿真,将出现如图 1-12 所示的结果。3 处的虚拟直流电压表显示值为 0.00V,这说明,当 A=1、B=1 时,Y=0。改变开关 SW1 和 SW2 的状态,重新仿真,可得出这样的结论:输入 A=0、B=0,A=1、B=0,A=0、B=1 时输出 Y=1;当 A=1、B=1 时,输出 Y=0。此结果与表 1-1 的与非门逻辑真值表一致。

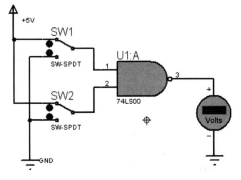

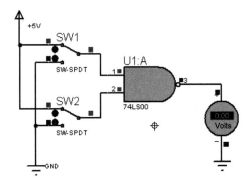

图 1-11　四 2 输入与非门 74LS00　　　　图 1-12　四 2 输入与非门 74LS00 的
　　　　　的功能测试电路　　　　　　　　　　　　功能测试电路仿真结果

【实例 1.2】　四 2 输入与非门 74LS00 组成的或逻辑电路如图 1-13 所示。U1:A 的输入 1 脚和 2 脚,分别接 U1:B 和 U1:C 的输出;U1:B 和 U1:C 各自的两个输入互连,再分别接开关 SW1 和 SW2;U1:A 的输出端 3 接一个虚拟直流电压表,用以测量电位的高低。

将开关 SW1 和 SW2 都接低电位(+0V),执行仿真,将出现如图 1-14 所示的结果。3 处的虚拟直流电压表显示值为 0.00V,这说明,当 A=0、B=0 时,Y=0。改变开关 SW1 和 SW2 的状态,重新仿真,可得出这样的结论:输入 A=1、B=0,A=0、B=1,A=1、B=1 时输出 Y=1;当 A=0、B=0 时,输出 Y=0。此结果与或逻辑的输出结果一致。

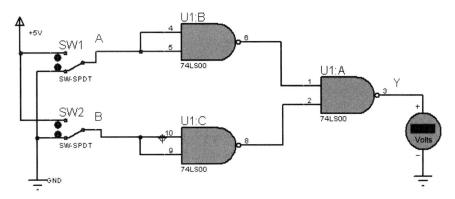

图 1-13 四 2 输入与非门 74LS00 组成的或逻辑电路

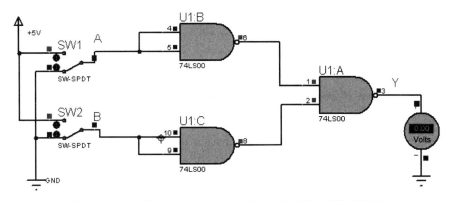

图 1-14 四 2 输入与非门 74LS00 组成的或逻辑电路仿真结果

【实例 1.3】 四 2 输入异或门 74LS86 的功能测试电路如图 1-15 所示。74LS86 的输入 1 脚和 2 脚,分别接开关 SW1 和 SW2;74LS86 的输出端 3 接一个虚拟直流电压表,用以测量电位的高低。

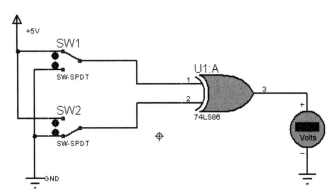

图 1-15 四 2 输入异或门 74LS86 的功能测试电路

将开关 SW1 接高电位(+5V),开关 SW2 接低电位(0V),执行仿真,将出现如图 1-16 所示的结果。3 处的虚拟直流电压表显示值为+5.00V,这说明,当 A=1、B=0 时,Y=1。改变开关 SW1 和 SW2 的状态,重新仿真,可得出这样的结论:当 A=0、B=0,A=1、B=1 时,Y=0;当 A=1、B=0,A=0、B=1 时,Y=1。此结果与表 1-2 的异或门逻辑真值表一致。

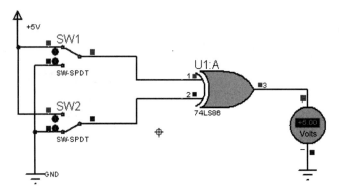

图 1-16 四 2 输入异或门 74LS86 的功能测试电路仿真结果

【实例 1.4】 四 2 输入异或门 74LS86 组成的 4 位二进制取反电路如图 1-17 所示。U1：A、U1：B、U1：C、U1：D 的输入 1、4、9、12 脚与＋5V 连接，其 2、5、10、13 脚依次连接开关 SW1、SW2、SW3、SW4，U1：A、U1：B、U1：C、U1：D 的输出 3、6、8、11 脚连接"逻辑探针"调试元件。

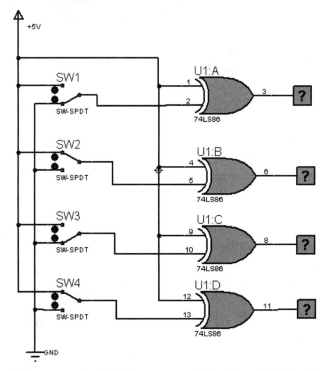

图 1-17 四 2 输入异或门 74LS86 组成的 4 位二进制取反电路

将开关 SW1 接低电位(0V)，开关 SW2 接高电位(＋5V)，开关 SW3 接低电位(0V)，开关 SW4 接高电位(＋5V)，执行仿真，将出现如图 1-18 所示的结果。U1：A、U1：B、U1：C、U1：D 的输出为"1 0 1 0"。这说明，当 SW1、SW2、SW3、SW4 的输入为"0 1 0 1"时，输出为"1 0 1 0"，输出是输入二进制数的相反数。改变开关 SW1、SW2、SW3、SW4 的状态，重新仿真,可得出这样的结论：输出二进制数总是输入二进制数的相反数，也就是相当于把输入的二进制数取反了。

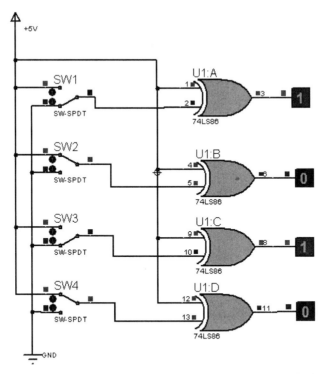

图 1-18 四 2 输入异或门 74LS86 组成的 4 位二进制取反电路仿真结果

【实例 1.5】 由 74LS54 构成的四变量多数表决电路如图 1-19 所示。四变量多数表决电路的功能是：当输入变量 A、B、C、D 有三个或三个以上为 1 时,输出 Y=1;否则,输出 Y=0。图中输入变量 A、B、C、D 由四个开关 A、B、C、D 充当,这些开关接地为"0",接+5V 为"1"。输出端 Y 接一个虚拟直流电压表,用以测量电位的高低。

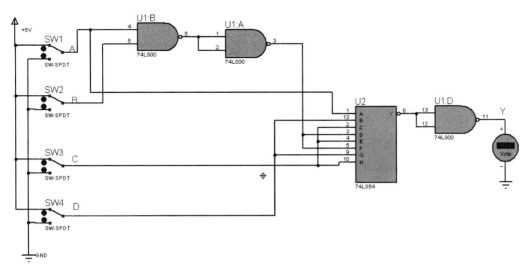

图 1-19 由 74LS54 构成的四变量多数表决电路

将开关 A 接地,将 B、C、D 接+5V,执行仿真,将出现如图 1-20 所示的结果。Y 处的虚拟直流电压表显示值为+5V,这说明,当 A=0、B=1、C=1、D=1 时,Y=1。改变开关 A、B、C、D 的状态,重新仿真,可得出这样的结论:输入变量 A、B、C、D 有三个或三个以上为 1 时,输出 Y=1;否则,输出 Y=0。

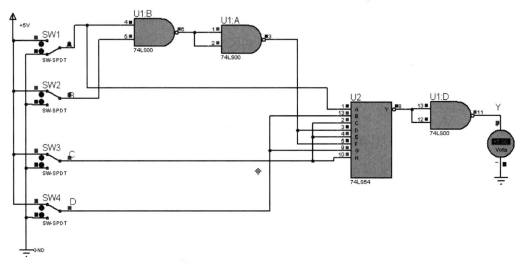

图 1-20　由 74LS54 构成的四变量多数表决电路仿真结果

【实例 1.6】　车间开工启动控制电路如图 1-21 所示。某工厂有三个车间 A、B、C;有一个自备电站,站内有两台发电机 M 和 N,N 的发电能力是 M 的 2 倍。如果一个车间开工,启动 M 就能满足要求;如果两个车间开工,启动 N 就能满足要求;如果三个车间同时开工,同时启动 M 和 N 才能满足要求。由异或门和与非门构成的车间开工启动控制电路用于实现上述控制。

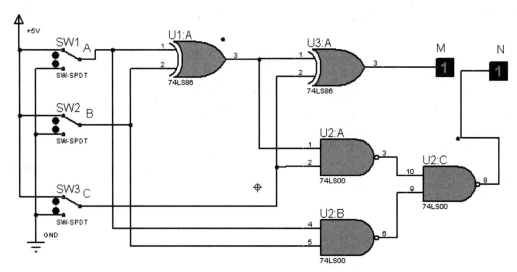

图 1-21　车间开工启动控制电路

三个车间开工与否由 A、B、C 三个开关模拟,这些开关接地为"0",代表未开工;接+5V 为"1",代表开工。M 和 N 处接"逻辑探针"调试元件——M(或 N)=0,代表不启动;

M（或 N）＝1，代表启动。

将开关 A 接地，即 A＝0，将开关 B、C 接＋5V，即 B＝1、C＝1，开始仿真，电路的输出如图 1-22 所示。由图可见，M＝0，N＝1。这表示，若两个车间 B、C 同时开工，要启动大发电机 N 运行。

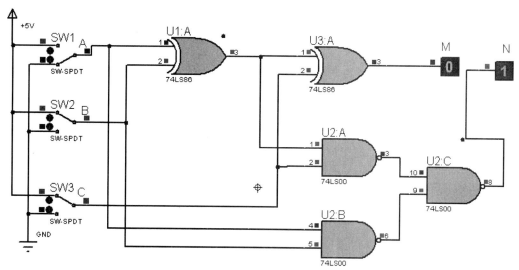

图 1-22 车间开工启动控制电路仿真结果

如果将开关 A、B 都接地，即 A＝B＝0；将开关 C 接＋5V，即 C＝1，开始仿真，电路的输出将是 M＝1，N＝0。这表示，若只有一个车间 C 开工，只启动发电机 M 运行即可。

如果将开关 A、B、C 都接＋5V，即 A＝1，B＝1，C＝1，重新仿真，电路的输出将是 M＝1，N＝1。这表示，若三个车间 A、B、C 同时开工，就要同时启动两台发电机 M 和 N。

【实例1.7】 可控加减运算电路如图 1-23 所示。可控加减运算电路是一种既能算加法又能算减法的运算电路，由开关 M 来确定是运算加法还是减法。M＝0，作减法；M＝1，作加法。操作数为两个一位二进制数与一位低位进位/借位。

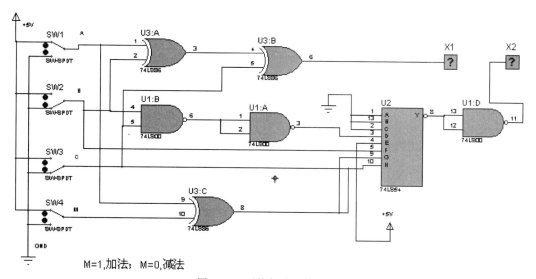

M=1,加法；M=0,减法

图 1-23 可控加减运算电路

　　三个一位被加(减)数、加(减)数和进位(借位)分别用 A、B、C 三个开关模拟,控制是加法还是减法的量用开关 M 来模拟。接地为"0";接+5V 为"1"。X1 和 X2 处接"逻辑探针"调试元件——X1 代表和(差),X2 代表进位(借位)。

　　将开关 A,B,C,M 都接+5V,即 A=1、B=1、C=1、M=1,开始仿真,电路的输出如图 1-24 所示。X1=1,X2=1,这表示,在执行加法运算时,A=1、B=1、C=1 和 X1=1,进位 X2=1。

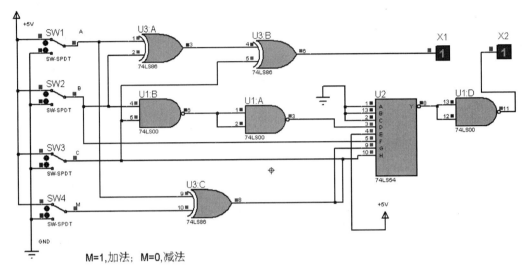

图 1-24　可控加减运算电路仿真结果

　　将开关 A,M 都接+5V,即 A=1、M=1;开关 B,C 都接地,即 B=0、C=0,重新仿真,电路的输出 X1=1,X2=0。这表示,在执行加法运算时,A=1、B=0、C=0,和 X1=1,进位 X2=0。

　　将开关 A,B,C,M 都接地,即 A=0、B=0、C=0、M=0,开始仿真,电路的输出为 X1=0,X2=0。这表示,在执行减法运算时,A=0、B=0、C=0,差 X1=0,借位 X2=0。

　　将开关 A,C 都接+5V,即 A=1、C=1;开关 B,M 都接地,即 B=0、M=0,重新仿真,电路的输出 X1=1,X2=0。这表示,在执行减法运算时,A=1、B=0、C=1,差 X1=0,借位 X2=1。

1.4　小结

本章共有 7 个实例,分别为:

(1) 四 2 输入与非门 74LS00 的功能测试电路;

(2) 四 2 输入与非门 74LS00 组成的或逻辑电路;

(3) 四 2 输入异或门 74LS86 的功能测试电路;

(4) 四 2 输入异或门 74LS86 组成的 4 位二进制取反电路;

(5) 由 74LS54 构成的四变量多数表决电路;

(6) 车间开工启动控制电路;

(7) 可控加减运算电路。

门电路是数字电路的基本逻辑单元电路,分为基本门电路和复合门电路。基本门电路包括与门、或门和非门。复合门电路包括与非门、或非门、与或非门、异或门和同或门。

第2章

特殊门电路

2.1 设计目的

(1) 了解集电极开路门(OC 门)的逻辑功能和使用方法。

(2) 了解漏极开路门(OD 门)的逻辑功能和使用方法。

(3) 了解三态输出门(TS 门)的逻辑功能和使用方法。

(4) 掌握集电极开路门 74LS01 的使用方法。

(5) 掌握漏极开路门 74HC03 的使用方法。

(6) 掌握三态输出门 74LS125 的使用方法。

2.2 设计原理

在数字系统中,除了基本门电路和复合门电路以外,还有特殊门电路。特殊门电路包括集电极开路门(Open Collector Gate,OC 门)、漏极开路门(Open Drain Gate,OD 门)和三态输出门(Three State Output Gate,TS 门)三种门电路。

2.2.1 集电极开路门(OC 门)

TTL 集成电路中 74LS01 为集电极开路的与非门电路,它包含 4 个两输入端与非门,其电路结构图如图 2-1(a)所示,引脚排列如图 2-1(b)所示。

从图 2-1 可见,集电极开路门电路与普通推拉式输出结构的 TTL 门电路的区别在于:当输出三极管 VT_3 管截止时,OC 门的输出端 Y 处于高阻状态,而推拉式输出结构 TTL 门的输出为高电平。所以,实际应用时,若希望 VT_3 管截止时 OC 门也能输出高电平,必须在输出端外接上拉电阻 R_L 到电源 V_{CC}。电阻 R_L 和电源 V_{CC} 的数值选择必须保证 OC 门输出的高、低电平符合后级电路的逻辑要求,同时三极管 VT_3 的灌电流负载不能过大,以免造成 OC 门受损。

在 OC 门的输出端可以直接接负载,如继电器、指示灯、发光二极管等;而普通 TTL 与非门不允许直接驱动电压高于 5V 的负载,否则与非门将被损坏。

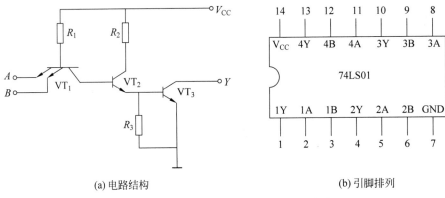

(a) 电路结构　　　　　　　　　　　　(b) 引脚排列

图 2-1　74LS01 的电路结构及引脚排列图

集电极开路(OC 门)的门电路还有另一特点,就是 OC 门的输出端并联可实现"线与"功能。我们知道,一个具有 n 路输入的与门电路的特点是:只要 n 路中有一路输入低电平,其输出就是低电平;只有 n 路输入都是高电平时,其输出才是高电平。OC 门的输出端并联也可实现与门的效果。如图 2-2 所示,将 2 个集电极开路与非门"线与"后驱动一个 TTL 非门,R_L 为集电极负载电阻,阻值大致为 $200\Omega \sim 50 k\Omega$。在这样连接时,2 路中只要有 1 路输出低电平"0",总输出就是低电平"0";只有 2 路全是高电平时,总输出才是高电平。

集电极开路(OC 门)的与非门输出端可以连到一起,实现"线与"功能。普通与非门的输出端则不能直接相连。否则,当一个门的 VT_4 管截止输出高电平,而另一个门的 VT_4 管导通输出低电平时,将有较大的电流从截止门流到导通门(见图 2-3),可能会将两个门损坏。

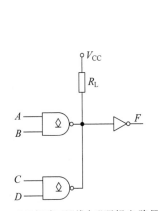

图 2-2　OC 门实现"线与"逻辑电路原理图

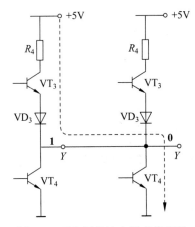

图 2-3　两个门的输出端直接相连

2.2.2　漏极开路门(OD 门)

TTL 集成电路中 74HC03 为漏极开路的与非门电路,它包含 4 个两输入端与非门,其外观、引脚排列及内部结构如图 2-4 所示。表 2-1 为 74HC03 的功能表。

如同集电极开路(OC 门)一样,漏极开路(OD 门)的门电路的输出端并联也可实现"线与"功能。

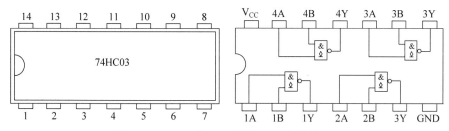

图 2-4 74HC03 外观、引脚排列及内部结构图

表 2-1 74HL03 的功能表

输	入	输 出
nA	nB	nY
L	L	Z
L	H	Z
H	L	Z
H	H	L

注：n—1,2,3,4；H—高电位，L—低电位，Z—高阻态。

从表 2-1 可以看出，只有两个输入端 A、B 都输入高电平时，输出端 Y 才输出低电平；其余输入情况，输出端一概是高阻态。

2.2.3 三态输出门（TS 门）

三态输出门的电路结构是在普通门电路的基础上附加控制电路构成的。本实验采用 74LS125 三态输出四总线同相缓冲器，图 2-5 为 74LS125 的引脚排列图，表 2-2 为 74LS125 的功能表。

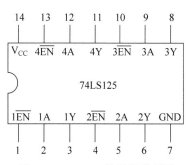

图 2-5 74LS125 的引脚排列图

表 2-2 74LS125 的功能表

输	入	输 出
$\overline{EN}$	A	Y
0	0	0
0	1	1
1	0	高阻态
1	1	高阻态

从表 2-2 可以看出，在三态使能端 $\overline{EN}$ 的控制下，输出 Y 有三种可能出现的状态，即高阻态、关态（高电平）、开态（低电平）。当 $\overline{EN}=1$ 时，电路输出 Y 呈现高阻态；当 $\overline{EN}=0$ 时，实现 $Y=A$ 的逻辑功能，即 $\overline{EN}$ 为低电平有效。

在数字系统中，为了能在同一条线路上分时传递若干个门电路的输出信号，减少各个单元电路之间的连线数目，常采用总线结构，如图 2-6 所示。

三态门电路的主要应用之一就是实现总线传输，只要在工作时控制各个三态门的 $\overline{EN}$ 轮流有效，且在任何时刻仅有一个有效，就可以把 A_1，A_2，A_3，…，A_n 信号分别轮流通过总线进行传递。

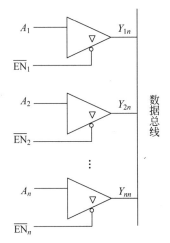

图 2-6　三态门接成总线结构电路原理图

2.3　用 Proteus 软件仿真

【实例 2.1】　集电极开路(OC 门)电路 74LS01 的功能测试电路如图 2-7 所示。在图 2-6 中,U1：A、U1：B、U1：C、U1：D 为 4 个与非门,它们依次代表 74LS01 芯片中的 4 个与非门。第一个与非门符号前面的数字"2""3"及后面的"1"都代表 74LS01 芯片的引脚编号,依此类推。左侧的■——和■——为"逻辑状态"调试元件,右侧的—■为"逻辑探针"调试元件。图中每个与非门的输出端都加了集电极负载电阻 R1、R2、R3、R4(又叫上拉电阻),这些电阻一头接与非门的输出端,另一头接正电源。

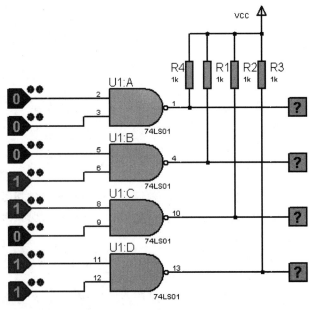

图 2-7　集电极开路(OC 门)电路 74LS01 的功能测试电路

74LS01 功能测试就是检测与非门电路的输入和输出关系。由于 74LS01 为两输入端与非门,每个输入端有逻辑"1"和逻辑"0"两种状态。这样输入端共有 4 种状态。我们给这4 个与非门每个门一种状态,就是依次输入 00、01、10、11。然后单击 Proteus 图屏幕左下角的运行键,系统开始运行,出现如图 2-8 所示的集电极开路(OC 门)电路 74LS01 的功能测试结果图 1。除了输入"11"的门输出低电位"0"以外,其余均输出高电位"1"。这与前面已介绍的与非门逻辑关系一致。

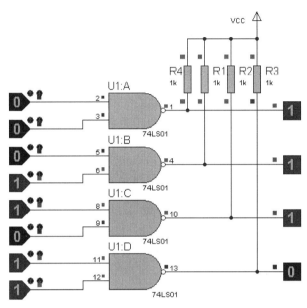

图 2-8　集电极开路(OC 门)电路 74LS01 的功能测试结果图 1

值得注意的是,图 2-8 中每个与非门的输出端都加了集电极负载电阻(又叫上拉电阻),这是因为 74LS01 芯片并非普通与非门电路,而是集电极开路(OC 门)的与非门电路。如果不加负载电阻,电路不通,运行时与非门的输出端就不能正确显示。图 2-9 所示的集电极开路(OC 门)电路 74LS01 芯片功能测试结果图 2 就是没有加负载电阻的情形,可以看到,除

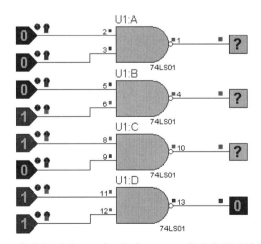

图 2-9　集电极开路(OC 门)电路 74LS01 的功能测试结果图 2

U1：D 输出低电位"0"外,其余 3 个输出都是"高阻态"。

集电极开路(OC 门)的门电路还有另一特点,就是 OC 门的输出端并联可实现"线与"功能。如图 2-10 所示,将 4 个与非门的输出端连到一起,只接一个"逻辑探针"调试元件,R3 为集电极负载电阻。运行的结果是输出低电平"0",这是因为这 4 路中有 1 路输出低电平"0"的缘故。在这样连接时,4 路中只要有 1 路输出低电平"0",总输出就是低电平"0";只有 4 路全是高电平时,总输出才是高电平。这是"线与"的特点。

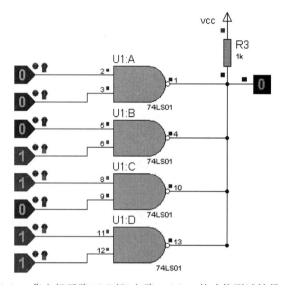

图 2-10　集电极开路(OC 门)电路 74LS01 的功能测试结果图 3

根据对四 2 输入与非门(OC 门)74LS01 芯片功能测试,确定:

(1) 对于与非门电路,所有输入端(输入端的个数大于等于 2)中只要有一个输入端为"0",则输出端为"1",只有当所有输入端都为"1"时输出端才为"0"。

(2) 对于集电极开路的与非门电路,按照"线与"方式连接后可以实现线与功能。

【实例 2.2】　漏极开路(OD 门)电路 74HC03 的功能测试电路如图 2-11 所示。图 2-11 中,U1：A、U1：B、U1：C、U1：D 为 4 个与非门,它们依次代表 74HC03 芯片中的 4 个与非门。图中每个与非门的输出端都加了集电极负载电阻 R1、R2、R3、R4,这些电阻一头接与非门的输出端,另一头接正电源。

74HC03 功能测试就是检测与非门电路的输入和输出关系。我们给这 4 个与非门每个门一种状态,即依次输入 00、01、10、11。然后单击 Proteus 图屏幕左下角的运行键,系统开始运行,出现如图 2-12 所示的漏极开路(OD 门)电路 74HC03 的功能测试结果图 1。从图可见,除了输入"11"的门输出低电位"0"以外,其余均输出高电位"1"。这与前面已介绍的与非门逻辑关系是一致的。

图 2-12 中每个与非门的输出端都加了漏极负载电阻(或叫上拉电阻),这是因为 74HC03 芯片并非普通与非电路,而是漏极开路(OD 门)的与非门电路。如果不加负载电阻,电路不通,运行时与非门的输出端就不能正确显示。图 2-13 所示的漏极开路(OD 门)电路 74HC03 的功能测试结果图 2 就是没有加负载电阻的情形,可以看到,除 U1：D 输出低电位"0"外,其余 3 个输出都是"高阻态"。

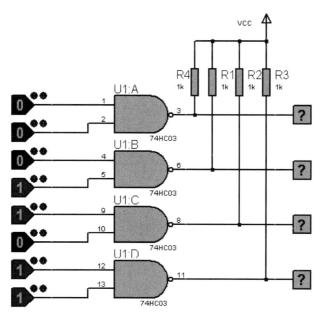

图 2-11　漏极开路(OD门)电路74HC03的功能测试电路

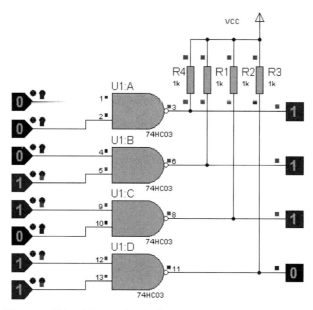

图 2-12　漏极开路(OD门)电路74HC03的功能测试结果图1

　　漏极开路(OD门)的门电路还有另一特点,就是OD门的输出端并联可实现"线与"功能。如图2-14所示,将4个与非门的输出端连到一起,只接一个"逻辑探针"调试元件,R3为漏极负载电阻。运行的结果是输出低电平"0",这是因为这4路中有一路输出低电平"0"的缘故。在这样连接时,4路中只要有1路输出低电平"0",总输出就是低电平"0";只有4路全是高电平时,总输出才是高电平。

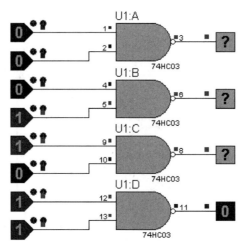

图 2-13　漏极开路(OD门)电路 74HC03 的功能测试结果图 2

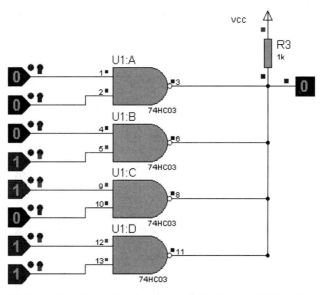

图 2-14　漏极开路(OD门)电路 74HC03 的功能测试结果图 3

根据对四 2 输入与非门(OD门)74HC03 芯片功能测试,确定:

(1) 对于与非门电路,所有输入端(输入端的个数大于等于 2)中只要有一个输入端为"0",则输出端为"1";只有当所有输入端都为"1"时,输出端才为"0"。

(2) 对于漏极开路的与非门电路,按照"线与"方式连接后可以实现线与功能。

【实例 2.3】　用三态门电路 74LS125 实现的总线传输电路如图 2-15 所示。U2：A、U2：B、U2：C(74LS125)的输入端分别接开关 SW1、SW2、SW3,U2：A、U2：B、U2：C 的使能端分别接"逻辑状态"调试元件 NH1、NH2、NH3,U2：A、U2：B、U2：C 的输出端连到一起后,接"逻辑探针"调试元件。

将开关 SW1 接低电位(0V),开关 SW2 接高电位(+5V),开关 SW3 接低电位(0V),执行仿真,将出现如图 2-16 所示的结果。此时,单击 NH1,使之由"1"变"0",则"逻辑探针"调

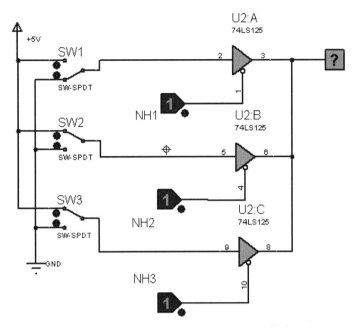

图 2-15　用三态门电路 74LS125 实现的总线传输电路

试元件就由"?"变为"0"；单击 NH2，使之由"1"变"0"，则"逻辑探针"调试元件就由"?"变为"1"；单击 NH3，使之由"1"变"0"，则"逻辑探针"调试元件就由"?"变为"0"。由此可知，只要让 NH1（NH2 和 NH3 也一样）使能端由高电平变为低电平（由"1"变为"0"），U2：A、U2：B、U2：C 的输出就会反映开关的状态，开关状态是"1"，输出就是"1"；开关状态是"0"，输出就是"0"。

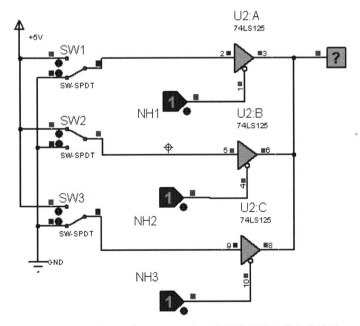

图 2-16　用三态门电路 74LS125 实现的总线传输电路仿真结果

2.4 小结

本章共有 3 个实例,分别为:

(1) 集电极开路(OC 门)电路 74LS01 的功能测试电路;

(2) 漏极开路(OD 门)电路 74HC03 的功能测试电路;

(3) 用三态门电路 74LS125 实现的总线传输电路。

特殊门电路包括集电极开路(OC 门)、漏极开路(OD 门)和三态输出门三种门电路。集电极开路(OC 门)电路和漏极开路(OD 门)电路在使用时,其输出端一定要加阻值适当的上拉电阻。如果不使用其"线与"功能,几个输出端就不能连接到一起。使用"线与"功能时,几个输出端连接到一起后,只加一个上拉电阻就可以了。三态门电路的主要应用之一是在微型计算机或单片机中实现数据的总线传输。

第3章

加法器及其应用

3.1 设计目的

(1) 掌握全加器的逻辑功能,熟悉集成加法器功能及其使用方法。

(2) 用 3-8 译码器 74LS138 设计 1 位全加器。

(3) 用三个 74LS86、两个 74LS00 和一个 74LS04 构成一个 1 位全加器。

(4) 验证用 74LS283 构成的 4 位二进制加法器功能。

(5) 验证用 CD4008 构成的 4 位二进制加法器功能。

(6) 设计一个并行加减法运算电路。

3.2 设计原理

1. 加法器

在数字系统中,按照结构和逻辑功能的不同,可将数字逻辑电路分为两大类,一类称作组合逻辑电路(Combinational Logic Circuit),另一类称作时序逻辑电路(Sequential Logic Circuit)。

组合逻辑电路的特点:单纯由各类逻辑门组成,逻辑电路中不含存储元件,逻辑电路的输入和输出之间没有反馈通路。因此,组合逻辑电路的输出仅由当前输入决定,而与电路原来所处的状态无关。

属于组合逻辑电路的集成电路很多,如编码器、译码器、数据选择器、数值比较器、加法器和奇偶发生器/检验器等。从本章开始将简要介绍这些组合逻辑电路的使用方法。

加法器(Adder)的功能是用电路实现加法运算。两个二进制数之间的算术运算加、减、乘、除,目前在计算机中都是化作若干步加法运算进行的。因此,加法器是构成算术运算器的基本单元。它在数字系统中属于组合逻辑电路。加法器分半加器(Half Adder)和全加器(Full Adder)两类。半加器只能进行本位加数、被加数的加法运算而不考虑低位进位。全加器在进行本位加数、被加数的加法运算时还要考虑低位进位。一位全加器只能做一位二进制数加法运算,两个多位数相加时每一位都是带进位相加的,因此,必须使用全加器。只要依次将低位全加器的进位输出端 C0 接到进位输入端 C1 就可以构成多位加法器了。

加法器分两种,一种是像前面介绍的由多个全加器串接而成的,每一位的相加结果必须等到低一位的进位产生以后才能建立起来,这种结构的电路称为串行进位加法器。这种加法器的缺点是运行速度慢。另一种加法器称为超前进位加法器,它是为提高运算速度而设计的。它的特点是通过逻辑电路事先得出每一位全加器的进位,而无须从最低位向高位逐位传递进位信号,这样就有效提高了运算速度。

若用 A_i、B_i 分别表示 A、B 两个数的第 i 位,C_{i-1} 表示自低位来的进位,S_i 表示两数相加产生的本位和,C_i 表示进位位。根据全加器运算规则,可以列出如表 3-1 所示的全加器真值表。

表 3-1　全加器真值表

A_i	B_i	C_{i-1}	S_i	C_i
0	0	0	0	0
0	0	1	1	0
0	1	0	1	0
0	1	1	0	1
1	0	0	1	0
1	0	1	0	1
1	1	0	0	1
1	1	1	1	1

TTL 系列和 CMOS 系列的集成电路加法器有多种,如 74LS283、CD4008 和 CD4560 等。74LS283 是一种能快速进位的 4 位二进制加法器,CD4008 也是一种能快速进位的 4 位二进制加法器,CD4560 为"N"BCD 加法器。本章介绍集成电路加法器 74LS283 和 CD4008 的用法。

1) 74LS283 简介

74LS283 为能快速进位的 4 位二进制加法器集成电路,其引脚排列如图 3-1 所示。图中 74LS283 的 A0、A1、A2、A3 为 4 位二进制数 A 的输入端,作为被加数;B0、B1、B2、B3 为 4 位二进制数 B 的输入端,作为加数;S0、S1、S2、S3 是两数之和 S 的输出端。C-1 为输入端,它是来自低位的进位。C0 为输出端,它是向高位的进位。

2) CD4008 简介

CD4008 为能快速进位的 4 位二进制加法器集成电路,其引脚排列如图 3-2 所示。图中 CD4008 的 A1、A2、A3、A4 为 4 位二进制数 A 的输入端,作为被加数;B1、B2、B3、B4 为 4 位二进制数 B 的输入端,作为加数;S1、S2、S3、S4 是两数之和 S 的输出端。C1 为输入端,它是来自低位的进位。C0 为输出端,它是向高位的进位。

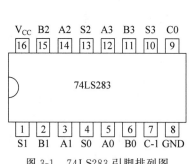

图 3-1　74LS283 引脚排列图

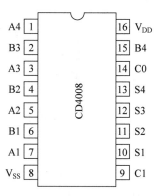

图 3-2　CD4008 引脚排列图

2. 并行加减法运算电路

1）减法运算的基本原理

在计算机中,为了减少硬件的复杂性,减法基本上是通过加法来实现的。这首先需要求出减数的反码(即把该数所有各位的"0"变为"1","1"变为"0"),再在结果上加"1"得到补码,然后加到被减数上即可。例如,从 1100 减去 0101：

被减数　　　　　　　　　　　1100
减数的补码　　　　　　　　　+1011

　　　　　　　　　　　　10111
　　　略去此进位↑　　结果是 0111

2）求二进制反码电路

可以用异或门来实现,$A \oplus 1 = \bar{A}$,$A \oplus 0 = A$,可选用 74LS86 四异或门。

3）并行加减运算的电路原理

如图 3-3 所示,将待加减的数据先送入寄存器存储起来,存储之前清零,把数据 $A = A_3 A_2 A_1 A_0$ 送到寄存器①中,数据 $B = B_3 B_2 B_1 B_0$ 送到寄存器②中,寄存器②的输出送到异或门的输入。$M=0$ 时,电路进行加法运算,异或门的输出与输入数据相同。$M=1$ 时,电路进行减法运算,异或门的输出是输入的反码。最后,将两路数据送入 4 位全加器相加得 $S = A+B$ 或 $S = A-B$ 的结果。在做减法时,对其结果 $S=A-B$ 中的进位位 C0 要注意：当 $A > B$ 时,C0=1 要略去；当 $A < B$ 时,C0=0,此时表示有借位,即表示 $S=A-B$ 是负数。

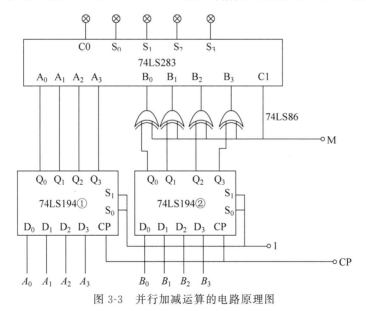

图 3-3　并行加减运算的电路原理图

3.3　用 Proteus 软件仿真

【实例 3.1】　用 3-8 译码器 74LS138 和 74LS20 组成的 1 位全加器电路如图 3-4 所示。已知,一位二进制被加数 A、加数 B、进位 C 分别由 74LS138 的 1、2、3 脚输入,S 表示输出的和,C1 表示进位位。图中的 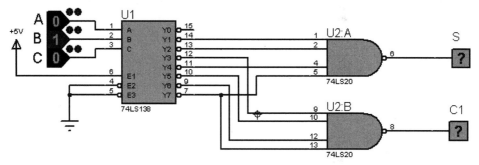 为"逻辑状态"调试元件,前者代表输入高电平,后者代表输入低电平。图中的 —? 为"逻辑探针"调试元件,一旦测试开始,—? 就会变成 —1或—0。前者代表输出高电平,后者代表输出低电平。

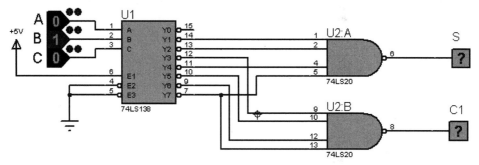

图 3-4　用 3-8 译码器 74LS138 和 74LS20 组成的 1 位全加器电路

向 A、B、C 依次输入"1""1""0",利用 Proteus 交互仿真功能,可以测出电路的输出,如图 3-5 所示。可见和 S 及进位 C1 分别为"0"和"1"。这表明"1+1=0;进位是 1"。改变输入数,其和与进位也跟着变化。如"0+1=1;进位是 0";"1+0=1;进位是 0";"0+0=0;进位是 0"。

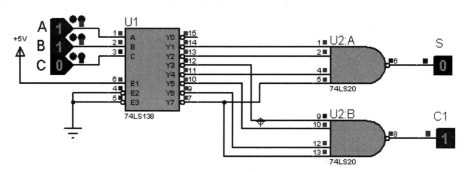

图 3-5　用 3-8 译码器 74LS138 和 74LS20 组成的 1 位全加器电路仿真结果

【实例 3.2】　用三个 74LS86、两个 74LS00 组成的 1 位全加器电路如图 3-6 所示。已知,1 位二进制被加数 A1、加数 B1、进位 C1-1 分别由 U3:A 的 1 脚、U3:A 的 2 脚及 U2:A 的 1 脚输入,S1 表示输出的和,C1 表示输出的进位位。

双击输入 A1,将出现数字时钟信号发生器属性设置对话框,设置 First Edge At 为"0",Frequency(Hz)为"1",设置好后,单击 OK 按钮,如图 3-7 所示。

双击输入 B1,将出现数字时钟信号发生器属性设置对话框,设置 First Edge At 为"0",Frequency(Hz)为"1",设置好后,单击 OK 按钮,如图 3-8 所示。用同样的方法设置 C1-1。

添加 DIGITAL 数字仿真图表,设置其仿真时间为 10s,执行仿真,可以看到输出的波形,如图 3-9 所示。

我们首先看图中的第一列,可见 A1、B1、C1-1、C1、S1 都是低电位,这表示,当 A1=0、B1=0、C1-1=0 时,C1=0、S1=0。再看图中的第二列,可见 A1、B1、C1-1、C1、S1 都是高电位,这表示,当 A1=1、B1=1、C1-1=1 时,C1=1、S1=1。这两个结果,完全符合前面的全加器真值表(见表 3-1)。

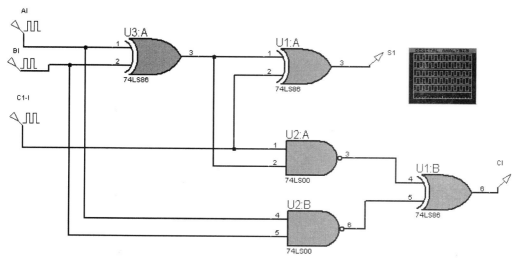

图 3-6 用三个 74LS86、两个 74LS00 组成的 1 位全加器电路

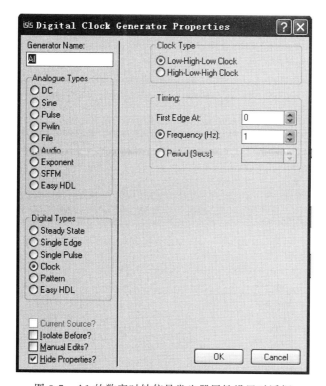

图 3-7 A1 的数字时钟信号发生器属性设置对话框

【实例 3.3】 用 74HC283 构成的 4 位二进制加法器电路如图 3-10 所示。已知，74HC283 的被加数输入端 A3、A2、A1、A0 和加数输入端 B3、B2、B1、B0 接"逻辑状态"调试元件；进位输入端 C0 也接"逻辑状态"调试元件。74HC283 的输出端 S3、S2、S1、S0 及进位输出端 C4 都接"逻辑探针"调试元件。

向 A3、A2、A1、A0 输入"0 1 0 1"，向 B3、B2、B1、B0 也输入"0 1 0 1"，向 C0 输入"0"，执行仿真，将有如图 3-11 所示的结果出现。输出端 S3、S2、S1、S0 显示"1 0 1 0"，C4 显示"0"。

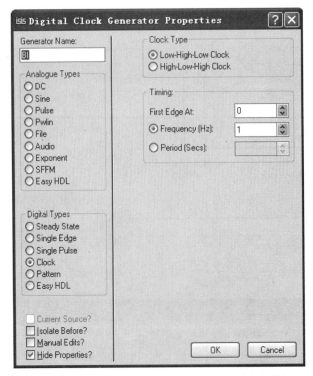

图 3-8　B1 的数字时钟信号发生器属性设置对话框

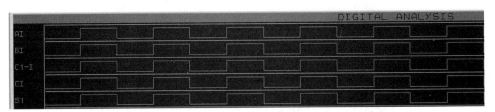

图 3-9　1 位全加器电路输出波形

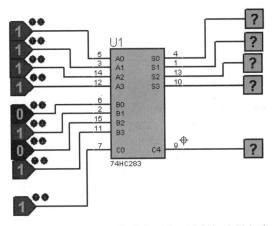

图 3-10　用 74HC283 构成的 4 位二进制加法器电路

这表明,0101(5H)+0101(5H)=1010(0AH),进位位为 0。向被加数 A、加数 B 以及低位进位 C0 输入不同的数值,和位 S 及进位位 C4 将有不同的结果。

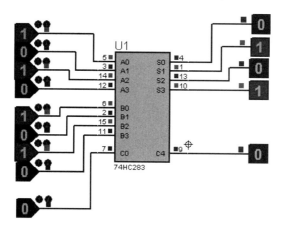

图 3-11　用 74HC283 构成的 4 位二进制加法器电路的输入/输出

【实例 3.4】　用 CD4008 构成的 4 位二进制加法器电路如图 3-12 所示。已知,CD4008 的被加数输入端 A4、A3、A2、A1 和加数输入端 B4、B3、B2、B1 接"逻辑状态"调试元件;进位输入端 C1 也接"逻辑状态"调试元件。CD4008 的输出端 S4、S3、S2、S1 及进位输出端 C0 都接"逻辑探针"调试元件。

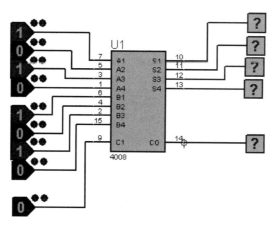

图 3-12　用 CD4008 构成的 4 位二进制加法器电路

向 A4、A3、A2、A1 输入"0 1 0 1",向 B4、B3、B2、B1 输入"1 0 1 0",向 C1 输入"0",执行仿真,将有如图 3-13 所示的结果。输出 S4、S3、S2、S1 显示"1 1 1 1",C0 显示"0"。这表明, 0101(5H)+1010(0AH)=1111(0FH),进位位为 0。向被加数 A、加数 B 以及低位进位 C1 输入不同的数值,和位 S 及进位位 C0 将有不同的结果。

【实例 3.5】　由一片 74LS283、两片 74LS194 和四路 74LS86 组成的并行加减法运算电路如图 3-14 所示。已知,4 位二进制被加数(或被减数)由 U1 的 D0、D1、D2、D3 脚输入,4 位二进制加数(或减数)由 U2 的 D0、D1、D2、D3 脚输入,输出的和(或差)由接在 U4 的 S0、 S1、S2、S3 脚的"逻辑探针"调试元件显示,进位或借位由接在 U4 的 C4 处的"逻辑探针"显示。开关 M 接地时,作加法;开关 M 接+5V 时,作减法。

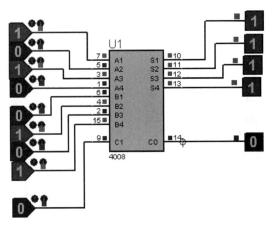

图 3-13　用 CD4008 构成的 4 位二进制加法器电路的仿真输出

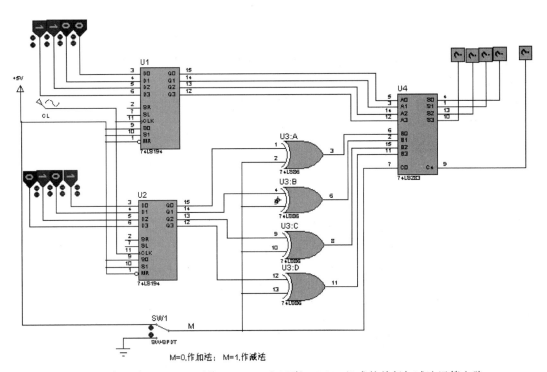

图 3-14　由一片 74LS283、两片 74LS194 和四路 74LS86 组成的并行加减法运算电路

先让开关 M 接地,作加法。向 U1 的 D3、D2、D1、D0 脚依次输入"1 1 0 0",向 U2 的 D3、D2、D1、D0 脚依次输入"0 1 0 1",利用 Proteus 交互仿真功能,可以测出电路的输出结果 1,如图 3-15 所示。可见输出为"0001",进位 C4 为 1。这表明 1100(0C0H)＋0101(05H)＝ 0001,进位是 1。也就是,0C0H＋05H＝11H,化成十进制就是 12＋5＝17。改变输入数,其和位与进位也跟着变化。

再让开关 M 接＋5V,作减法。向 U1 的 D3、D2、D1、D0 脚依次输入"1 1 0 0",向 U2 的 D3、D2、D1、D0 脚依次输入"0 1 0 1",利用 Proteus 交互仿真功能,可以测出电路的输出结果 2,如图 3-16 所示。可见输出为"0111",进位 C4 为 1。这表明 1100(0C0H)－0101(05H)＝

0111(7H)；化成十进制就是 12－5＝7。改变输入数，其差位与借位也跟着变化(作减法时，如果被减数大于减数，进位 C4 的显示结果略去)。

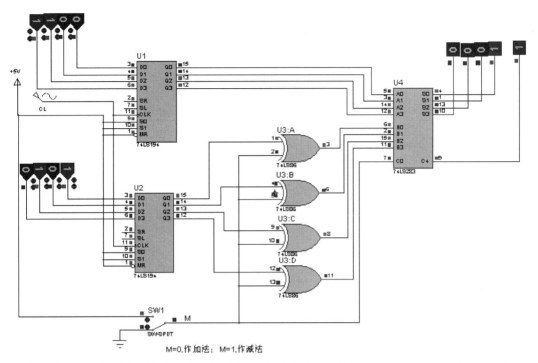

图 3-15　由一片 74LS283、两片 74LS194 和四路 74LS86 组成的并行加减法运算电路仿真结果 1

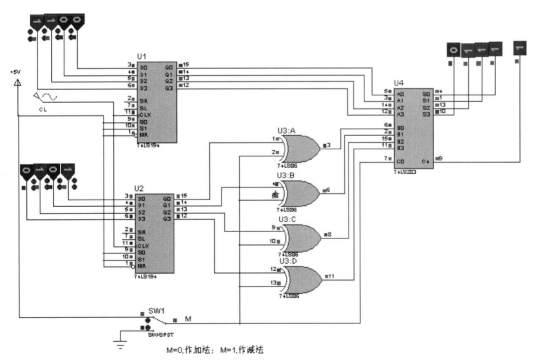

图 3-16　由一片 74LS283、两片 74LS194 和四路 74LS86 组成的并行加减法运算电路仿真结果 2

3.4　小结

本章共有 5 个实例,分别为:

(1) 用 3-8 译码器 74LS138 和 74LS20 组成的 1 位全加器电路;

(2) 用三个 74LS86、两个 74LS00 组成的 1 位全加器电路;

(3) 用 74LS283 构成的 4 位二进制加法器电路;

(4) 用 CD4008 构成的 4 位二进制加法器电路;

(5) 由一片 74LS283、两片 74LS194 和四路 74LS86 组成的并行加减法运算电路。

在数字系统中,按照结构和逻辑功能的不同,可将数字逻辑电路分为两大类,一类称作组合逻辑电路,另一类称作时序逻辑电路。

组合逻辑电路的特点:单纯由各类逻辑门组成,逻辑电路中不含存储元件,逻辑电路的输入和输出之间没有反馈通路。因此,组合逻辑电路的输出仅由当前输入决定,而与电路原来所处的状态无关。

属于组合逻辑电路的集成电路很多,如编码器、译码器、数据选择器、数值比较器、加法器和奇偶发生器/检验器等。

加法器是构成算术运算器的基本单元。加法器分半加器和全加器两类。半加器只能进行本位加数、被加数的加法运算而不考虑低位进位。全加器进行本位加数、被加数的加法运算时还要考虑低位进位。一位全加器只能作一位二进制数加法运算,多位数的全加器才能作多位二进制数加法运算。

第4章

编码器及其应用

4.1 设计目的

(1) 了解编码器及优先编码器的工作原理及使用方法。

(2) 掌握二进制 8 线-3 线优先编码器 74HC148 的使用方法。

(3) 掌握二-十进制 10 线-4 线优先编码器 74HC147 的使用方法。

4.2 设计原理

编码器(Encoder)在数字系统中属于组合逻辑电路。编码器的功能是将输入信号转换成一定的二进制代码,即实现用二进制代码表示相应的输入信号。常用的编码器有普通编码器和优先编码器(Priority Encoder)两类。普通编码器在任一时刻,只允许在一个输入端加入有效电平,当有两个以上输入端加入有效电平时,编码器的输出状态将是混乱的。优先编码器允许在两个以上输入端加入有效电平,因为它给所有的输入信号规定了优先顺序,当有多个输入端加入有效电平时,只对其中优先级最高的一个进行编码。TTL 系列和 CMOS 系列的集成电路编码器均为优先编码器,如 74HC148、74HC147 和 CD4532 等。74HC148 是一种二进制 8 线-3 线优先编码器,74HC147 是一种二-十进制 10 线-4 线优先编码器,CD4532 也是 8 线-3 线优先编码器。本章介绍集成电路优先编码器 74HC148 和 74HC147 的用法。

1. 74HC148 简介

74HC148 是一种常用的二进制 8 线-3 线优先编码器,其引脚排列如图 4-1 所示。图中 0～7 为编码输入端,低电平有效;A0～A2 为编码输出端,也是低电平有效,即反码输出;EI 为使能输入端,低电平有效;优先顺序为 7→0,即输入 7 的优先级最高,然后是 6,5,…,0;GS 和 EO 为辅助端,GS 为编码器的工作标志,低电平有效;EO 为使能输出端,高电平有效。74HC148 的真值表如

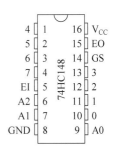

图 4-1　74HC148 引脚图

表 4-1 所示。

表 4-1　74HC148 的真值表

输　　入									输　　出				
EI	0	1	2	3	4	5	6	7	A2	A1	A0	GS	EO
H	×	×	×	×	×	×	×	×	H	H	H	H	H
L	H	H	H	H	H	H	H	H	H	H	H	H	L
L	×	×	×	×	×	×	×	L	L	L	L	L	H
L	×	×	×	×	×	×	L	H	L	L	H	L	H
L	×	×	×	×	×	L	H	H	L	H	L	L	H
L	×	×	×	×	L	H	H	H	L	H	H	L	H
L	×	×	×	L	H	H	H	H	H	L	L	L	H
L	×	×	L	H	H	H	H	H	H	L	H	L	H
L	×	L	H	H	H	H	H	H	H	H	L	L	H
L	L	H	H	H	H	H	H	H	H	H	H	L	H

由表 4-1 可以看出,当 EI 为低电平时,输入 7 为低电平(有效),其余输入端不管是什么电平,都以输入 7 有效的编码输出;输入 7 为高电平,输入 6 为低电平(有效),其余输入端不管是什么电平,都以输入 6 有效的编码输出,依此类推。GS 为编码器的工作标志,低电平时表示有输入,高电平时表示无输入;EO 为使能输出端,高电平有效。EO 一般在扩展优先编码器时用。

2. 74HC147 简介

74HC147 是一种二-十进制的 10 线-4 线优先编码器,其引脚排列如图 4-2 所示,其真值表如表 4-2 所示。图 4-2 中 0~9 为编码输入端,低电平有效;A、B、C、D 为编码输出端,也是低电平有效,即反码输出;优先顺序为 9→0,即输入 9 的优先级最高,然后是 8,7,…,0。

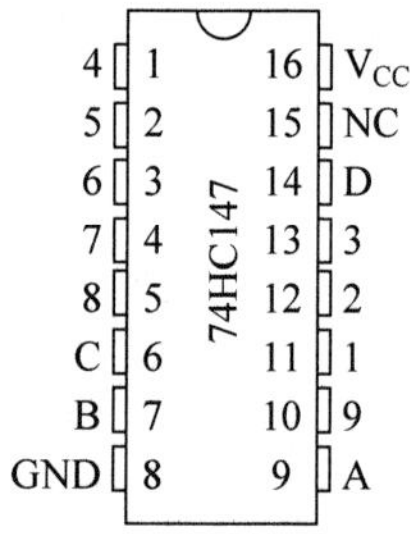

图 4-2　74HC147 的引脚图

表 4-2　74HC147 的真值表

输　　入									输　　出			
1	2	3	4	5	6	7	8	9	*D*	*C*	*B*	*A*
H	H	H	H	H	H	H	H	H	H	H	H	H
×	×	×	×	×	×	×	×	L	L	H	H	L
×	×	×	×	×	×	×	L	H	L	H	H	H
×	×	×	×	×	×	L	H	H	H	L	L	L
×	×	×	×	×	L	H	H	H	H	L	L	H
×	×	×	×	L	H	H	H	H	H	L	H	L
×	×	×	L	H	H	H	H	H	H	L	H	H
×	×	L	H	H	H	H	H	H	H	H	L	L
×	L	H	H	H	H	H	H	H	H	H	L	H
L	H	H	H	H	H	H	H	H	H	H	H	L

由表 4-2 可以看出,当 0~9 编码输入全为高电平时,D、C、B、A 编码输出也全为高电平;当输入 9 为低电平(有效)时,其余输入端不管是什么电平,编码输出是 9 的反码;当输入 9 为高电平,输入 8 为低电平时,其余输入端不管是什么电平,编码输出是 8 的反码,依此类推。即编码输出是 BCD 码的反码,优先级是 9 为最高,0 为最低。

4.3 用 Proteus 软件仿真

【实例 4.1】 二进制优先编码器 74HC148 芯片功能测试电路如图 4-3 所示。74HC148(U6)的输入 7、6、5、4、3、2、1、0 接"逻辑状态"调试元件,EI 也接"逻辑状态"调试元件;74HC148 的编码器输出端 A2、A1、A0 接"逻辑探针"调试元件。GS 和 EO 也接"逻辑探针"调试元件。

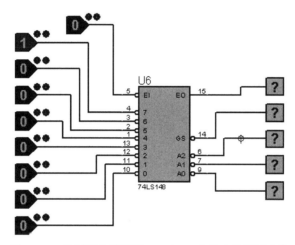

图 4-3 二进制优先编码器 74HC148 芯片功能测试电路

(1) 向 EI 输入低电平"0",向"7、6、5、4、3、2、1、0"输入高电平"1",单击 Proteus 图屏幕左下角的运行键,系统开始运行,出现如图 4-4 所示的二进制优先编码器 74HC148 芯片功能测试结果图 1。可见,此时,EO 为低电平,GS 为高电平。从这两个标志看编码器还没有工作。

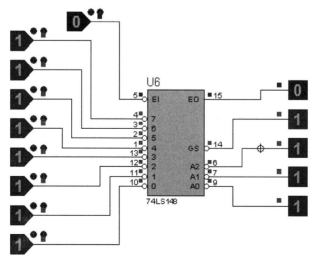

图 4-4 二进制优先编码器 74HC148 芯片功能测试结果图 1

（2）仍向 EI 输入低电平"0"，向"7、6、5、4、3、2、1、0"输入低电平"0"，单击 Proteus 图屏幕左下角的运行键，系统开始运行，出现如图 4-5 所示的二进制优先编码器 74HC148 芯片功能测试结果图 2。此时，编码器的输出端 A2、A1、A0 为"000"；EO 为高电平，GS 为低电平。从这两个标志看编码器已正式工作。

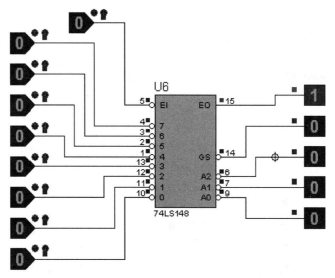

图 4-5　二进制优先编码器 74HC148 芯片功能测试结果图 2

（3）仍向 EI 输入低电平"0"，向输入"7"脚输入高电平"1"，向"6、5、4、3、2、1、0"输入低电平"0"，单击 Proteus 图屏幕左下角的运行键，系统开始运行，出现如图 4-6 所示的二进制优先编码器 74HC148 芯片功能测试结果图 3。此时，编码器的输出端 A2、A1、A0 为"001"；EO 为高电平，GS 为低电平不变。

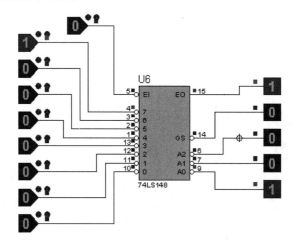

图 4-6　二进制优先编码器 74HC148 芯片功能测试结果图 3

（4）仍向 EI 输入低电平"0"，向输入"7、6"脚输入高电平"1"，向"5、4、3、2、1、0"输入低电平"0"，单击 Proteus 图屏幕左下角的运行键，出现如图 4-7 所示的二进制优先编码器 74HC148 芯片功能测试结果图 4。此时，编码器的输出端 A2、A1、A0 为"010"；EO 为高电平，GS 为低电平不变。

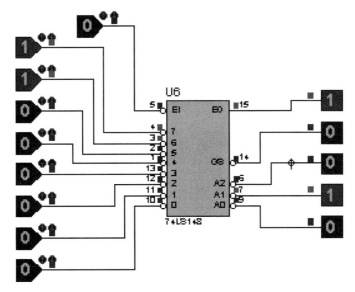

图 4-7　二进制优先编码器 74HC148 芯片功能测试结果图 4

（5）改变输入量，多做几次仿真，可以发现，随着向"7、6、5、4、3、2、1、0"从 7 开始输入的"1"的个数的增多，编码器的输出 A2、A1、A0 依次为"000、001、010、011、100、101、110、111"，这也就是十进制数的"0、1、2、3、4、5、6、7"。

通过对 74HC148 优先编码器功能的测定可知：优先编码器允许在两个以上输入端加入有效电平，因为它给所有的输入信号规定了优先顺序，当有多个输入端加入有效电平时，只对其中优先级最高的一个进行编码。

【实例 4.2】　二-十进制优先编码器 74HC147 芯片功能测试电路如图 4-8 所示。74HC147 的输入 9、8、7、6、5、4、3、2、1、0 一头接开关 S9、S8、…、S0，一头接电阻 R1、R2、…、R10，这些电阻的另一头接+5V。74HC147 的编码器输出端 Q3、Q2、Q1、Q0 接"逻辑探针"调试元件。

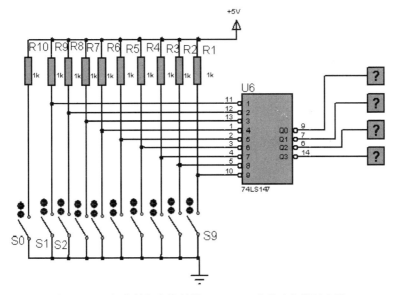

图 4-8　二-十进制优先编码器 74HC147 芯片功能测试电路

首先,把开关 S9 闭合,开关 S8~S0 断开,单击 Proteus 图屏幕左下角的运行键,系统开始运行,出现如图 4-9 所示的二-十进制优先编码器 74HC147 芯片功能测试结果图 1。此时,编码器的输出端 Q3、Q2、Q1、Q0 为"0110","0110"的反码为"1001",对应的十进制数为"9"。

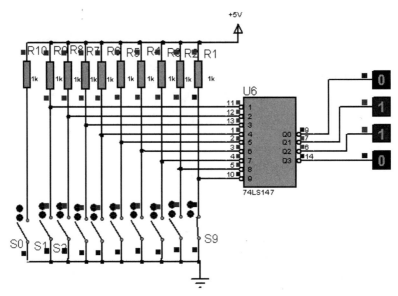

图 4-9　二-十进制优先编码器 74HC147 芯片功能测试结果图 1

其次,把开关 S9 以及 S7~S0 断开,开关 S8 闭合,单击 Proteus 图屏幕左下角的运行键,系统开始运行,出现如图 4-10 所示的二-十进制优先编码器 74HC147 芯片功能测试结果图 2。此时,编码器的输出端 Q3、Q2、Q1、Q0 为"0111","0111"的反码为"1000",对应的十进制数为"8"。

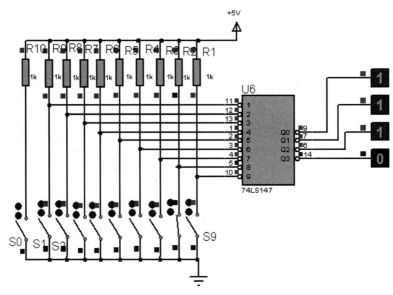

图 4-10　二-十进制优先编码器 74HC147 芯片功能测试结果图 2

按上述步骤,依次让 S7、S6、S5、S4、S3、S2、S1、S0 闭合(S7 闭合时,其余开关全断开,余类推),编码器的输出端 Q3、Q2、Q1、Q0 就会依次出现十进制的"7,6,5,4,3,2,1,0"。

4.4 小结

本章共有两个实例,分别为:

(1) 二进制优先编码器 74HC148 芯片功能测试电路;

(2) 二-十进制优先编码器 74HC147 芯片功能测试电路。

编码器的功能是将输入信号转换成一定的二进制代码,即实现用二进制代码表示相应的输入信号。常用的编码器有普通编码器和优先编码器两类。普通编码器在任一时刻,只允许在一个输入端加入有效电平,当有两个以上输入端加入有效电平时,编码器的输出状态将是混乱的。优先编码器允许在两个以上输入端加入有效电平,因为它给所有的输入信号规定了优先顺序,当有多个输入端加入有效电平时,只对其中优先级最高的一个进行编码。

第5章

译码器及其应用

5.1 设计目的

(1) 掌握二进制译码器、二-十进制译码器和显示译码器的工作原理及使用方法。

(2) 设计二进制 3-8 译码器 74LS138 功能测试电路。

(3) 设计二-十进制译码器 74HC42 功能测试电路。

(4) 设计显示译码器 74LS48 芯片功能测试电路。

5.2 设计原理

译码器(Decoder)在数字系统中属于组合逻辑电路。译码是编码的逆过程,其逻辑功能是将每一组代码的含义"翻译"出来,即将每一组代码译为一个特定的输出信号,表示它原来所代表的信息。能完成译码功能的逻辑电路称为译码器。常用的译码器电路有二进制译码器(Binary Decoder)、二-十进制译码器(Binary-Coded Decimal Decoder)和显示译码器(Display Decoder)三类。

5.2.1 二进制译码器

TTL 74 系列的集成电路二进制译码器有多种,如 74LS138、74LS139 和 74LS154 等。74LS138 为二进制 3-8 译码器,74LS139 为二进制 2-4 译码器,74LS154 为二进制 4-16 译码器。本节介绍集成电路二进制译码器 74LS138 的用法。

图 5-1 为 74LS138 译码器引脚排列图。A_0、A_1、A_2 是 3 个输入引脚,G_1、G_{2A}、G_{2B} 为 3 个附加控制端,Y_0～Y_7 为译码器输出引脚。表 5-1 为 74LS138 3-8 译码器真值表。

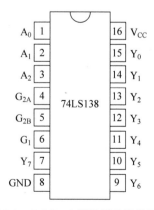

图 5-1　74LS138 译码器引脚排列图

表 5-1　74LS138 3-8 译码器真值表

| 输　入 | | | | | 输　出 | | | | | | | |
| 使能位 | | 选择位 | | | | | | | | | | |
G_1	G_{2^*}	C	B	A	Y_0	Y_1	Y_2	Y_3	Y_4	Y_5	Y_6	Y_7
×	H	×	×	×	H	H	H	H	H	H	H	H
L	×	×	×	×	H	H	H	H	H	H	H	H
H	L	L	L	L	L	H	H	H	H	H	H	H
H	L	L	L	H	H	L	H	H	H	H	H	H
H	L	L	H	L	H	H	L	H	H	H	H	H
H	L	L	H	H	H	H	H	L	H	H	H	H
H	L	H	L	L	H	H	H	H	L	H	H	H
H	L	H	L	H	H	H	H	H	H	L	H	H
H	L	H	H	L	H	H	H	H	H	H	L	H
H	L	H	H	H	H	H	H	H	H	H	H	L

注：$^*G_2=G_{2A}+G_{2B}$,$(G_1=E_1,G_2=E_2+E_3)$。

由表 5-1 可以看出，当一个选通端(E_1)为高电平，另两个选通端(E_2 和 E_3)为低电平时，可将地址端(A_0、A_1、A_2)的二进制编码在 $Y_0 \sim Y_7$ 对应的输出端以低电平译出。比如：$ABC=000$ 时，则输出端 Y_0 输出低电平信号；$ABC=001$ 时，输出端 Y_1 输出低电平信号，余类推。

注意：集成电路器件引脚的名称没有统一标准，同一器件在不同资料上的名称有可能不同，如 74LS138 的引脚名称在两种资料上的区别见表 5-2。

表 5-2　74LS138 的引脚名称在两种资料上的区别

引脚编号	1	2	3	4	5	6	7	8	9	10	11	12	13	14	15
名称1	A	B	C	E_2	E_3	E_1	Y_7	GND	Y_6	Y_5	Y_4	Y_3	Y_2	Y_1	Y_0
名称2	A_0	A_1	A_2	G_{2A}	G_{2B}	G_1	Y_7	GND	Y_6	Y_5	Y_4	Y_3	Y_2	Y_1	Y_0

尽管名称不同，但引脚的位置和功能是一致的，可从外部引脚图和真值表中查到对应关系。

5.2.2　二-十进制译码器

74HC42 是 CMOS 系列集成电路二-十进制译码器。二-十进制译码器的逻辑功能是将输入 BCD 码的 10 个代码译成 10 个高、低电平输出信号。

图 5-2 是 74HC42 译码器引脚排列图。A、B、C、D 是 4 个输入引脚，0～9 为译码器的 10 个输出引脚。表 5-3 为 74HC42 译码器真值表。

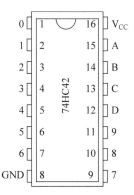

图 5-2　74HC42 译码器引脚排列图

表 5-3　74HC42 译码器真值表

序号	输入				输出									
	D	C	B	A	0	1	2	3	4	5	6	7	8	9
0	0	0	0	0	0	1	1	1	1	1	1	1	1	1
1	0	0	0	1	1	0	1	1	1	1	1	1	1	1
2	0	0	1	0	1	1	0	1	1	1	1	1	1	1
3	0	0	1	1	1	1	1	0	1	1	1	1	1	1
4	0	1	0	0	1	1	1	1	0	1	1	1	1	1
5	0	1	0	1	1	1	1	1	1	0	1	1	1	1
6	0	1	1	0	1	1	1	1	1	1	0	1	1	1
7	0	1	1	1	1	1	1	1	1	1	1	0	1	1
8	1	0	0	0	1	1	1	1	1	1	1	1	0	1
9	1	0	0	1	1	1	1	1	1	1	1	1	1	0
伪码	1	0	1	0	1	1	1	1	1	1	1	1	1	1
	1	0	1	1	1	1	1	1	1	1	1	1	1	1
	1	1	0	0	1	1	1	1	1	1	1	1	1	1
	1	1	0	1	1	1	1	1	1	1	1	1	1	1
	1	1	1	0	1	1	1	1	1	1	1	1	1	1
	1	1	1	1	1	1	1	1	1	1	1	1	1	1

由表 5-3 可以看出,当输入 D、C、B、A 依次取 0000,0001,0010,…,1001 时,0~9 端依次输出低电平。而当 D、C、B、A 依次取 1010,1011,…,1111 时,0~9 端输出保持高电平。

5.2.3　显示译码器

在数字系统中,常常需要将某些数字或运算结果显示出来。这些数字量要先经过译码,才能送到数字显示器去显示。这种能把数字量翻译成数字显示器所能识别的信号的译码器称为数字显示译码器。数字显示译码器通常由译码器、驱动电路和显示器三部分组成。

常见的显示器有三类,分别是 LED 数码管显示器、LCD 液晶显示器和点阵式显示器。LED 数码管根据显示形式一般有七段 8 字形、八段 8 字形带小数点、15 段米字形带小数点三种;根据公共端接法不同有共阴极和共阳极两种;根据发光效率不同有普通 LED 和高亮度 LED 区分;根据连体位数不同有 1 位、2 位、3 位、4 位和多位等品种;根据数码管尺寸的不同有 0.28、0.30、0.32、0.36、0.39、0.5、0.56、0.8、1.0、1.8、3.0、4.0、5.0、7.0、8.0、10 英寸等多种。

1. 七段数字显示器

七段数字显示器就是将 7 个发光二极管按一定的方式排列起来,七段 a,b,c,d,e,f,g(小数点 DP)各对应一个发光二极管,利用不同发光段的组合,显示不同的阿拉伯数字,如图 5-3 所示。

根据公共端接法不同,七段数字显示器的内部接法分为共阳极接法和共阴极接法两种,如图 5-4 所示。

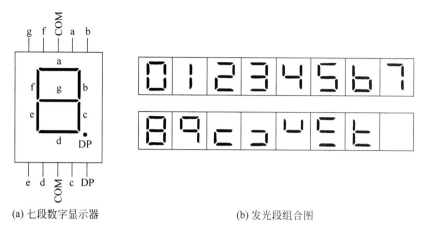

(a) 七段数字显示器　　　　　　　(b) 发光段组合图

图 5-3　七段数字显示器及发光段组合图

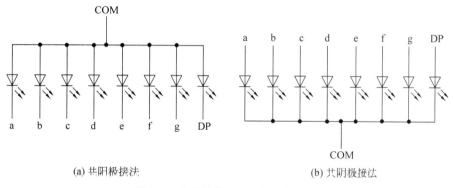

(a) 共阳极接法　　　　　　　　　(b) 共阴极接法

图 5-4　七段数字显示器的内部接法

　　七段显示译码器也有多种,TTL 系列的如 74LS48 为共阴极七段显示译码器,74LS47 为共阳极七段显示译码器;CMOS 系列的如 CD4511 为共阴极七段显示译码器,CD4543 为共阳极七段显示译码器。本节我们只讨论 74LS48 共阴极七段显示译码器的用法。

2. 74LS48 简介

　　74LS48 是中规模 BCD 码七段显示译码/驱动器,可提供较大电流流过发光二极管。图 5-5 是 74LS48 引脚图,4 个输入信号 A、B、C、D 对应 4 位二进制码输入;7 个输出信号 $a \sim g$ 对应七段字型。译码输出为"1"时,LED 的相应字段点亮,例如,$DCBA = 0001$ 时,译码器输出 b 和 c 为"1",故将 b 和 c 段点亮,显示数字"1"。另外,有三个控制端:试灯输入端($\overline{LT}$),灭灯输入端($\overline{RBI}$),特殊控制端($\overline{BI}/\overline{RBO}$)。表 5-4 是 74LS48 七段显示译码器真值表。

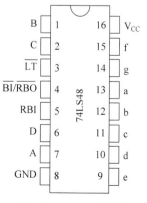

图 5-5　74LS48 引脚图

表 5-4　74LS48 七段显示译码器真值表

输　入							输　出							显示字符
$\overline{LT}$	$\overline{RBI}$	$\overline{BI}/\overline{RBO}$	D	C	B	A	a	b	c	d	e	f	g	
1	1	1	0	0	0	0	1	1	1	1	1	1	0	0
1	×	1	0	0	0	1	0	1	1	0	0	0	0	1
1	×	1	0	0	1	0	1	1	0	1	1	0	1	2
1	×	1	0	0	1	1	1	1	1	1	0	0	1	3
1	×	1	0	1	0	0	0	1	1	0	0	1	1	4
1	×	1	0	1	0	1	1	0	1	1	0	1	1	5
1	×	1	0	1	1	0	0	0	0	1	1	1	1	6
1	×	1	0	1	1	1	1	1	1	0	0	0	0	7
1	×	1	1	0	0	0	1	1	1	1	1	1	1	8
1	×	1	1	0	0	1	1	1	1	0	0	1	1	9

由表 5-4 可以看出，当 $\overline{LT}$、$\overline{RBI}$ 和 $\overline{BI}$ 均为高电平时，可将输入端(D、C、B、A)的二进制编码在七段显示器上译出。比如：$DCBA=0000$ 时，显示"0"；$DCBA=1001$ 时，显示"9"。

5.3　用 Proteus 软件仿真

【实例 5.1】　二进制译码器 74LS138 芯片功能测试电路如图 5-6 所示。已知,电路图中 74LS138(U2)的 1、2、3 脚 A、B、C 接"逻辑状态"调试元件；74LS138 的 6 脚接"逻辑状态"调试元件,E2、E3 接地。74LS138 的 Y0～Y7 脚接"逻辑探针"调试元件。

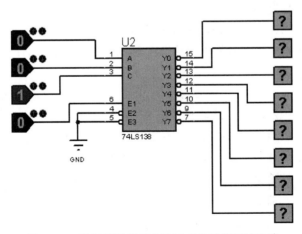

图 5-6　二进制译码器 74LS138 芯片功能测试电路

先向 E1 上接的"逻辑状态"调试元件输入"0",再向 A、B、C"逻辑状态"调试元件输入"010"。单击 Proteus 图屏幕左下角的运行键,系统开始运行,出现如图 5-7 所示的二进制译码器 74LS138 芯片功能测试结果图 1。此时,Y0～Y7"逻辑探针"调试元件全部显示高电平

"1"。不管向 A、B、C"逻辑状态"调试元件输入"1"或"0"，Y0～Y7"逻辑探针"调试元件显示全"1"不变。

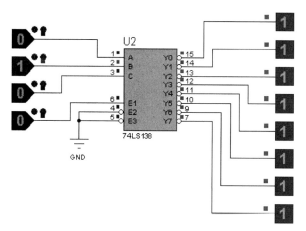

图 5-7　二进制译码器 74LS138 芯片功能测试结果图 1

现在，先向 A、B、C"逻辑状态"调试元件输入"000"，再向 E1 上接的"逻辑状态"调试元件输入"1"。单击 Proteus 图屏幕左下角的运行键，系统开始运行，出现如图 5-8 所示的二进制译码器 74LS138 芯片功能测试结果图 2。此时，Y0"逻辑探针"调试元件显示低电平"0"，其余仍显示高电平"1"。

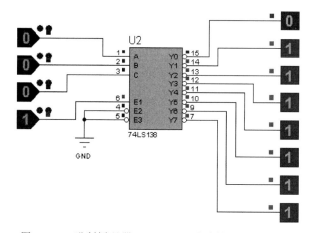

图 5-8　二进制译码器 74LS138 芯片功能测试结果图 2

在维持 E1 上接的"逻辑状态"调试元件输入"1"的前提下，改变向 A、B、C 三个"逻辑状态"调试元件上输入的电平，Y0～Y7"逻辑探针"调试元件显示也随之变化。其变化规律与表 5-1 的 74LS138 功能真值表所反映的关系一致。

根据以上对 74LS138 芯片功能测试，确定：在向 74LS138 的 6 脚 E1 接高电平，向 E2、E3 输入低电平的前提下，依次向 ABC 输入以下电平"000、001、010、011、100、101、111"，译码器输出 Y0～Y7 将以其排列顺序依次出现低电平"0"。

【实例 5.2】　二-十进制译码器 74HC42 芯片功能测试电路如图 5-9 所示。已知，图中，74HC42(U3)的 A、B、C、D 接"逻辑状态"调试元件，74HC42 的 0～9 输出通过限流电阻接发光二极管。发光二极管的负端接译码器输出,正端通过限流电阻接正电源。由于74HC42为低有效输出,故当输出端有效时,发光二极管负极接低电位,发光二极管亮。当输出端无效时,输出端为高电位,发光二极管不亮。

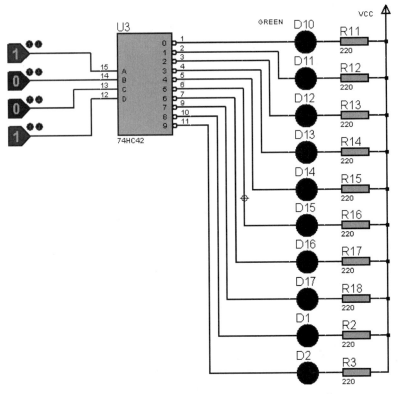

图 5-9   二-十进制译码器 74HC42 芯片功能测试电路

在图 5-9 中,向 A、B、C、D 输入"0000",单击 Proteus 图屏幕左下角的运行键,系统开始运行,出现如图 5-10 所示的二-十进制译码器 74HC42 芯片功能测试结果图。此时,输出 0 上接的发光二极管点亮,其余发光二极管则不亮。向 A、B、C、D 依次输入 0000,0001,…,1001,输出 0,1,…,9 上接的发光二极管将依次点亮。假如向 A、B、C、D 输入 1010,1011,…,1111,则输出 0,1,…,9 上接的发光二极管都将不亮。

根据上述对二-十进制译码器 74HC42 芯片功能测试确定:依次向 A、B、C、D 输入电平"0000、0001、0010、0011、0100、0101、0110、0111、1000、1001",译码器输出 0～9 将以其排列顺序依次出现低电平"0"。

【实例 5.3】   显示译码器 74LS48 芯片功能测试电路如图 5-11 所示。已知,电路中 74LS48(U3)的 A、B、C、D 接"逻辑状态"调试元件,74LS48 的 $\overline{LT}$、$\overline{RBI}$ 接高电位,QA、QB、QC、QD、QE、QF、QG 各经一限流电阻与共阴极七段显示器的 7 个引脚相连。

向 A、B、C、D 输入"1000",单击 Proteus 图屏幕左下角的运行键,系统开始运行,出现如图 5-12 所示的显示译码器 74LS48 芯片功能测试结果图。此时,七段显示器显示数字"8"。向 A、B、C、D 依次输入"0000,0001,0010,0011,0100,0101,0110,0111,1000,1001",七段显示器上将依次显示数字"0,1,2,3,4,5,6,7,8,9"。假如向 A、B、C、D 输入 1010,1011,1100,1101,1110,七段显示器将显示 0～9 以外的符号,输入"1111"时,显示器不亮。

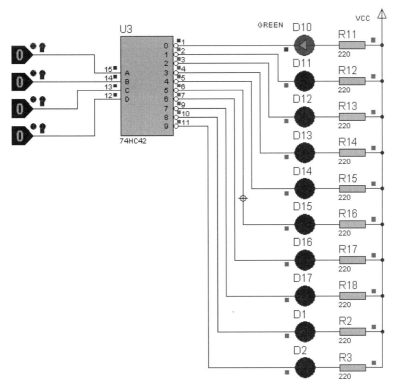

图 5-10 二-十进制译码器 74HC42 芯片功能测试结果图

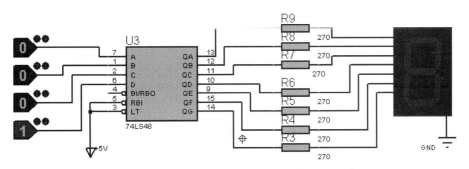

图 5-11 显示译码器 74LS48 芯片功能测试电路

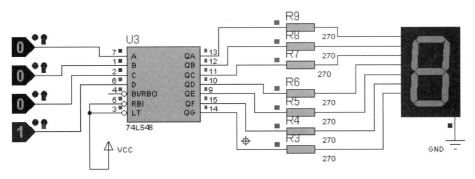

图 5-12 显示译码器 74LS48 芯片功能测试结果图

根据上述对显示译码器 74LS48 芯片功能测试,可知:74LS48 在 $\overline{\text{LT}}$、$\overline{\text{RBI}}$ 接高电位的前提下,向 A、B、C、D 依次输入"0000,0001,0010,0011,0100,0101,0110,0111,1000,1001"电平时,七段显示器上将依次显示数字"0,1,2,3,4,5,6,7,8,9"。

5.4 小结

本章共有 3 个实例,分别为:

(1) 二进制译码器 74LS138 芯片功能测试电路;

(2) 二-十进制译码器 74HC42 芯片功能测试电路;

(3) 显示译码器 74LS48 芯片功能测试电路。

译码器在数字系统中属于组合逻辑电路,译码是编码的逆过程。常用的译码器电路有二进制译码器、二-十进制译码器和显示译码器三类。

第6章

数值比较器

6.1 设计目的

（1）了解 1 位和多位数值比较器的工作原理及使用方法。

（2）掌握 4 位数值比较器 74LS85 芯片的使用方法。

（3）掌握 8 位数值比较器（或等值检测器）74LS688 芯片的使用方法。

6.2 设计原理

在数字系统设计中，经常需要比较两个数字的大小。能够实现比较数字大小的电路，称为数值比较器（Digital Comparator），它也属组合逻辑电路。数值比较器分为 1 位数值比较器和多位数值比较器，多位数值比较器由 1 位数值比较器串接而成。多位数值比较器又有 4 位和 8 位之分。要比较两个多位二进制数 A 和 B 的大小，必须从高位向低位逐位比较。TTL 和 CMOS 系列的集成电路数值比较器有多种，如 74HC682、74LS688、74LS85、CD4063 和 CD4585 等。74HC682 为 8 位数值比较器电路，74LS688 为 8 位等值检测器电路，74LS85、CD4063 和 CD4585 均为 4 位数值比较器电路。本章介绍集成电路 4 位数值比较器 74LS85 和 8 位等值检测器 74LS688 的用法。

1. 1 位数值比较器电路

两个 1 位二进制数 A 和 B 相比较有三种可能：

（1）$A>B$（即 $A=1$、$B=0$），则 $A\bar{B}=1$，故可以用 $A\bar{B}$ 作为 $A>B$ 的输出信号 $Y(A>B)$。

（2）$A<B$（即 $A=0$、$B=1$），则 $\bar{A}B=1$，故可以用 $\bar{A}B$ 作为 $A<B$ 的输出信号 $Y(A<B)$。

（3）$A=B$，则 $\overline{A\oplus B}=1$，故可以用 $\overline{A\oplus B}$ 作为 $A=B$ 的输出信号 $Y(A=B)$。

图 6-1 是一种实用的 1 位数值比较器电路。用非门和与非门可以构成 1 位数值比较器电路。用非门和与非门构成的 1 位数值比较器电路原理图和电路图如图 6-2 所示。电路图中的非门采用六反相器 74LS04，与非门采用四 2 输入与非门 74LS00。

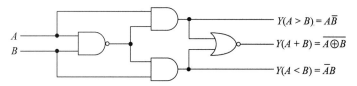

图 6-1 一种实用的 1 位数值比较器电路

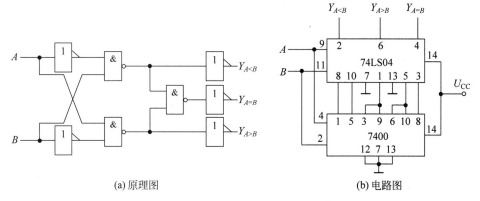

(a) 原理图　　　　　　　　　　　　　(b) 电路图

图 6-2 用非门和与非门构成的 1 位数值比较器电路

2. 4 位数值比较器 74LS85

74LS85 为集成 4 位数值比较器电路,其引脚排列如图 6-3 所示。图中,74LS85 的 A0、A1、A2、A3 为 4 位二进制数 A 输入端,B0、B1、B2、B3 为 4 位二进制数 B 输入端,输出 $A<B$、输出 $A=B$、输出 $A>B$ 为 3 个比较结果输出端,级联输入 $A<B$、级联输入 $A=B$、级联输入 $A>B$ 为 3 个来自低位的级联输入端。

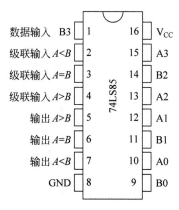

图 6-3 74LS85 引脚排列图

表 6-1 是 74LS85 数值比较器真值表。可以看出,比较两个 4 位二进制数 A 和 B 的大小,是从高位向低位逐位比较的:①若 $A3>B3$,不论低位大小如何,则 $A>B$;②若 $A3<B3$,不论低位大小如何,则 $A<B$;③若 $A3=B3$,$A2>B2$,则 $A>B$;④若 $A3=B3$,$A2<B2$,则 $A<B$。依此类推,可得真值表。

表 6-1 74LS85 的真值表

比 较 输 入				级 联 输 入			输 出		
$A3,B3$	$A2,B2$	$A1,B1$	$A0,B0$	$A>B$	$A<B$	$A=B$	$A>B$	$A<B$	$A=B$
$A3>B3$	×	×	×	×	×	×	H	L	L
$A3<B3$	×	×	×	×	×	×	L	H	L
$A3=B3$	$A2>B2$	×	×	×	×	×	H	L	L
$A3=B3$	$A2<B2$	×	×	×	×	×	L	H	L

续表

比 较 输 入				级 联 输 入			输　　出		
$A3,B3$	$A2,B2$	$A1,B1$	$A0,B0$	$A>B$	$A<B$	$A=B$	$A>B$	$A<B$	$A=B$
$A3=B3$	$A2=B2$	$A1>B1$	$\times$	$\times$	$\times$	$\times$	H	L	L
$A3=B3$	$A2=B2$	$A1<B1$	$\times$	$\times$	$\times$	$\times$	L	H	L
$A3=B3$	$A2=B2$	$A1=B1$	$A0>B0$	$\times$	$\times$	$\times$	H	L	L
$A3=B3$	$A2=B2$	$A1=B1$	$A0<B0$	$\times$	$\times$	$\times$	L	H	L
$A3=B3$	$A2=B2$	$A1=B1$	$A0=B0$	H	L	L	H	L	L
$A3=B3$	$A2=B2$	$A1=B1$	$A0=B0$	L	H	L	L	H	L
$A3=B3$	$A2=B2$	$A1=B1$	$A0=B0$	L	L	H	L	L	H
$A3=B3$	$A2=B2$	$A1=B1$	$A0=B0$	$\times$	$\times$	H	L	L	H
$A3=B3$	$A2=B2$	$A1=B1$	$A0=B0$	H	H	L	L	L	L
$A3=B3$	$A2=B2$	$A1=B1$	$A0=B0$	L	L	L	H	H	L

注:H—高电平,L—低电平,×—任意。

3. 8 位等值检测器 774LS688

74LS688 是一种 8 位数值比较器,严格地说是一种等值检测器。其引脚排列如图 6-4 所示。图中,74LS688 的 P0、P1、…、P7 为 8 位二进制数 P 输入端,Q0、Q1、…、Q7 为 8 位二进制数 Q 输入端,$\overline{P=Q}$ 为 P 和 Q 两个数比较结果输出端,为"0"时,两数相等;为"1"时,两数不等。$\overline{G}$ 为允许端,低电位有效,可用来实现几片芯片之间的级联,从而允许比较大于 8 位的数据。74LS688 的真值表如表 6-2 所示。

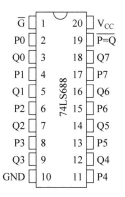

图 6-4　74LS688 引脚排列图

表 6-2　74LS688 的真值表

输　　　　入		输　　出
	$\overline{G}$	$\overline{P=Q}$
$P=Q$	L	L
$P>Q$	$\times$	H
$P<Q$	$\times$	H

由表 6-2 可以看出,当 $\overline{G}$ 为低电平时,如果 $P=Q$,输出为低电平(有效);其余情况,输出都是高电平。

6.3　用 Proteus 软件仿真

【实例 6.1】　用非门和与非门构成的 1 位数值比较器电路如图 6-5 所示。图中 1 位比较数输入端 A 和 B 接"逻辑状态"调试元件;1 位比较数输出 Y(A<B)、Y(A=B)和 Y(A>B)接"逻辑探针"调试元件。

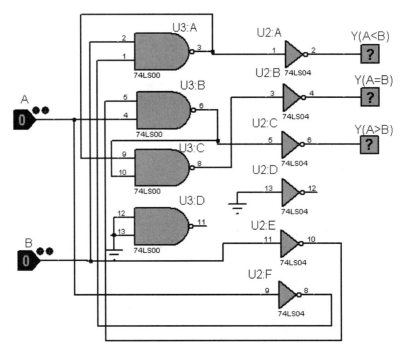

图 6-5 用非门和与非门构成的 1 位数值比较器电路

首先,向 A 输入高电平"1",向 B 也输入高电平"1",单击 Proteus 图屏幕左下角的运行键,系统开始运行,出现如图 6-6 所示的用非门和与非门构成的 1 位数值比较器测试结果图1。此时,Y(A=B)=1,为高电平;Y(A<B)=0,Y(A>B)=0,均为低电平。这表明 A=B。

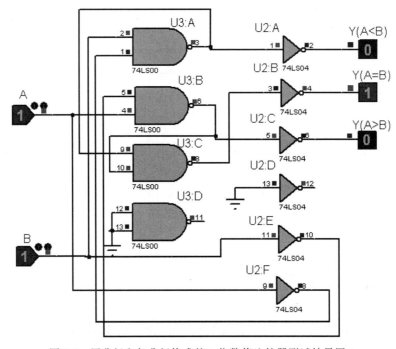

图 6-6 用非门和与非门构成的 1 位数值比较器测试结果图 1

其次,向 A 输入高电平"1",向 B 输入低电平"0",单击 Proteus 图屏幕左下角的运行键,系统开始运行,出现如图 6-7 所示的用非门和与非门构成的 1 位数值比较器测试结果图 2。此时,$Y(A>B)=1$,为高电平;$Y(A<B)=0$、$Y(A=B)=0$,均为低电平。这表明 $A>B$。

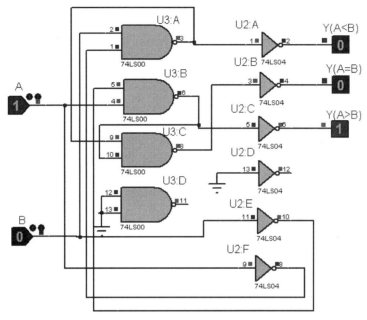

图 6-7　用非门和与非门构成的 1 位数值比较器测试结果图 2

最后,向 A 输入低电平"0",向 B 输入高电平"1",单击 Proteus 图屏幕左下角的运行键,系统开始运行,出现如图 6-8 所示的用非门和与非门构成的 1 位数值比较器测试结果图 3。此时,$Y(A<B)=1$,为高电平;$Y(A>B)=0$、$Y(A=B)=0$,均为低电平。这表明 $A<B$。

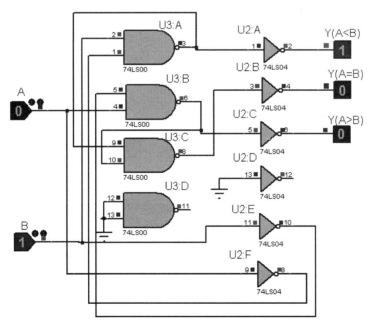

图 6-8　用非门和与非门构成的 1 位数值比较器测试结果图 3

【实例6.2】 集成 4 位数值比较器 74LS85 芯片功能测试电路如图 6-9 所示。图中，74LS85 待比较数输入端 A0、A1、A2、A3 和 B0、B1、B2、B3 接"逻辑状态"调试元件；级联输入 A＞B 和 A＜B 接地，A＝B 接＋5V；QA＜B、QA＝B、QA＞B 接"逻辑探针"调试元件。

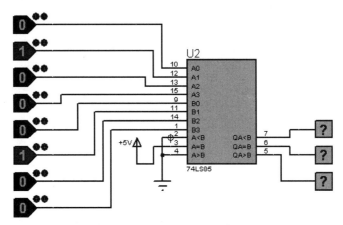

图 6-9　集成 4 位数值比较器 74LS85 芯片功能测试电路

（1）向 A3、A2、A1、A0 输入电平"0010"，向 B3、B2、B1、B0 输入电平"0010"，单击 Proteus 图屏幕左下角的运行键，系统开始运行，出现如图 6-10 所示的集成 4 位数值比较器 74LS85 芯片功能测试结果图 1。此时，QA＝B 为高电平，QA＞B 和 QA＜B 均为低电平。表明 A(0010) 和 B(0010) 这两个数是相等的。

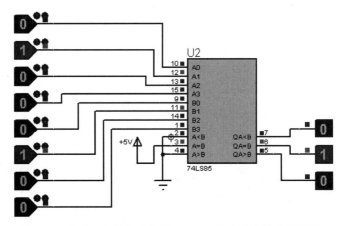

图 6-10　集成 4 位数值比较器 74LS85 芯片功能测试结果图 1

（2）向 A3、A2、A1、A0 输入电平"0011"，向 B3、B2、B1、B0 输入电平"0010"，单击 Proteus 图屏幕左下角的运行键，系统开始运行，出现如图 6-11 所示的集成 4 位数值比较器 74LS85 芯片功能测试结果图 2。此时，QA＞B 为高电平，QA＜B 和 QA＝B 均为低电平。表明 A＝0011 和 B＝0010，这两个数 A＞B。

（3）向 A3、A2、A1、A0 输入电平"0010"，向 B3、B2、B1、B0 输入电平"1010"，单击 Proteus 图屏幕左下角的运行键，系统开始运行，出现如图 6-12 所示的集成 4 位数值比较器 74LS85 芯片功能测试结果图 3。此时，QA＜B 为高电平，QA＝B 和 QA＞B 均为低电平。表明 A＝1010 和 B＝0010，这两个数 A＜B。

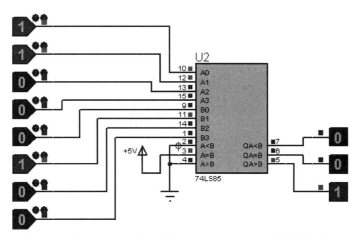

图 6-11　集成 4 位数值比较器 774LS85 芯片功能测试结果图 2

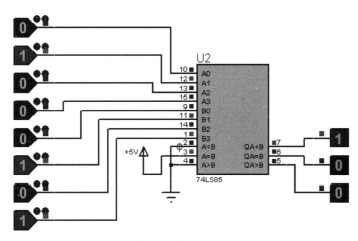

图 6-12　集成 4 位数值比较器 74LS85 芯片功能测试结果图 3

通过对 74LS85 4 位数值比较器功能的测定,可知:向 A3、A2、A1、A0 输入的数,比向 B3、B2、B1、B0 输入的数大时,A>B 输出呈高电平;当前者(A)比后者(B)小时,A<B 输出呈高电平;当两者相同时,A=B 输出呈高电平。

【实例 6.3】　8 位数值比较器 74LS688 芯片功能测试电路如图 6-13 所示。图中,74LS688 的 P0、P1、…、P7 这 8 位二进制数 P 输入端和 Q0、Q1、…、Q7 这 8 位二进制数 Q 输入端都接"逻辑状态"调试元件,$\overline{G}$ 也接"逻辑状态"调试元件,$\overline{P=Q}$ 接"逻辑探针"调试元件。

(1)向 P7、P6、…、P0 输入电平"11000111",向 Q7、Q6、…、Q0 也输入电平"11000111",向 $\overline{G}$ 输入低电平"0",单击 Proteus 图屏幕左下角的运行键,系统开始运行,出现如图 6-14 所示的 8 位数值比较器 74LS688 芯片功能测试结果图 1。此时,比较器输出 $\overline{P=Q}$ 为低电平"0",这表明所比较的两个 8 位数 P 和 Q 是相等的。

(2)向 P7、P6、…、P0 输入电平"11000110",向 Q7、Q6、…、Q0 输入电平"11000111",仍向 $\overline{G}$ 输入低电平"0",单击 Proteus 图屏幕左下角的运行键,系统开始运行,出现如图 6-15 所示的 8 位数值比较器 74LS688 芯片功能测试结果图 2。此时,比较器输出 $\overline{P=Q}$ 为高电平"1",这表明所比较的两个 8 位数 P 和 Q 是不等的。

按照上述步骤,向 P7、P6、…、P0 和 Q7、Q6、…、Q0 输入不同或相同的数,重新仿真,可得出如下结论:当两数相同时,比较器输出为"0";当两数不同时,比较器输出为"1"。

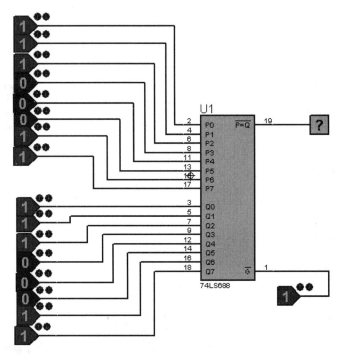

图 6-13　8 位数值比较器 74LS688 芯片功能测试电路

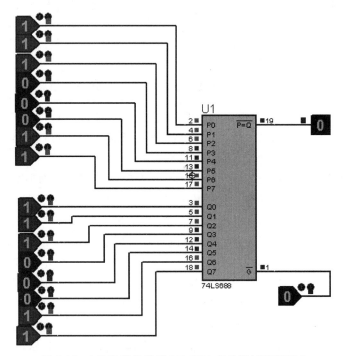

图 6-14　8 位数值比较器 74LS688 芯片测试结果图 1

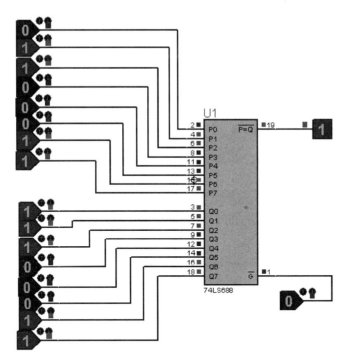

图 6-15   8 位数值比较器 74LS688 芯片测试结果图 2

6.4   小结

本章共有 3 个实例,分别为:

(1) 用非门和与非门构成的 1 位数值比较器电路;

(2) 集成 4 位数值比较器 74LS85 芯片功能测试电路;

(3) 8 位数值比较器 74LS688 芯片功能测试电路。

能够实现比较数字大小的电路,称为数值比较器,它也属组合逻辑电路。数值比较器分为 1 位数值比较器和多位数值比较器,多位数值比较器由 1 位数值比较器串接而成。多位数值比较器又有 4 位和 8 位之分。

第7章

奇偶校验器

7.1　设计目的

(1) 了解 9 位奇偶产生器/校验器电路和 8 位奇偶产生器/校验器电路的工作原理及使用方法。

(2) 掌握 9 位奇偶产生器/校验器电路 74LS280 的使用方法。

(3) 掌握 8 位奇偶产生器/校验器电路 74LS180 的使用方法。

(4) 掌握用异或门构成的 8 位数据奇偶校验器电路的使用方法。

7.2　设计原理

在数字系统设计中,有时需要判断输入信号高电平"1"的个数的奇偶性。能够实现检验高电平信号个数的奇偶性的电路,称为奇偶产生器/校验器(Odd-Even Generator/Check),它也属于组合逻辑电路。数据奇偶产生器/校验器具有判断输入的数码在传输过程中是否出错的功能。

TTL 系列的集成电路奇偶产生器/校验器有多种,如 74LS180 和 74LS280 等。74LS180 为 8 位奇偶产生器/校验器电路,74LS280 为 9 位奇偶产生器/校验器电路。本章介绍集成电路奇偶产生器/校验器 74LS280 和 74LS180 的用法。

1. 9 位奇偶产生器/校验器电路 74LS280

74LS280 为 9 位奇偶产生器/校验器电路,其引脚排列如图 7-1 所示。它有 9 个数据位($A \sim I$)及奇、偶输出 ΣEVEN、ΣODD。通过级联可扩展字长。

引出端符号:$A \sim I$ 为数据输入端($8 \sim 13$、1、2、4 脚);ΣEVEN 为偶输出端(5 脚),ΣODD 为奇输出端(6 脚),这两脚都是低电平有效。表 7-1 为 74LS280 的真值表。

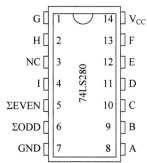

图 7-1　74LS280 引脚排列图

表 7-1　74LS280 的真值表

输入(8～13、1、2、4 脚)	输出(偶数)	输出(奇数)
输入呈"1"状态的个数	5 脚	6 脚
偶数(0、2、4、6、8)	H	L
奇数(1、3、5、7、9)	L	H

由表 7-1 可以看出,9 个输入脚(8～13、1、2、4 脚),输入呈"1"状态的个数是偶数(0、2、4、6、8)时,输出(偶数)5 脚为高电位,输出(奇数)6 脚为低电位;输入呈"1"状态的个数是奇数(1、3、5、7、9)时,输出 5 脚为低电位,输出 6 脚为高电位。

2. 8 位奇偶产生器/校验器电路 74LS180

74LS180 为 8 位奇偶产生器/校验器电路,其引脚排列如图 7-2 所示。它有 8 个数据输入位(A～H)及两个奇偶输入位(ODD,EVEN)。通过级联可扩展字长。表 7-2 为 74LS180 的真值表

引出端符号:A～H,数据输入端,共 8 个;

EVEN:偶控制输入端;

ΣEVEN:偶输出端;

ΣODD:奇输出端;

ODD:奇控制输入端。

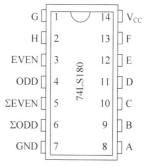

图 7-2　74LS180 引脚排列图

表 7-2　74LS180 的真值表

输　入	输　入		输　出	
A～H 中高电平的数目	EVEN	ODD	ΣEVEN	ΣODD
偶数	H	L	H	L
奇数	H	L	L	H
偶数	L	H	L	H
奇数	L	H	H	L
×	H	H	L	L
×	L	L	H	H

由表 7-2 可以看出,输出 ΣEVEN 和 ΣODD 的状态不仅与 8 个输入脚(A～H)输入呈"1"状态的个数的奇偶性有关,还与 EVEN 和 ODD 两个输入信号状态有关。

3. 用异或门 CD4070 构成的 8 位奇偶校验器

用来检测输入的二进制中"1"的个数是奇数还是偶数的电路称为数据奇偶校验器,使用集成异或门电路也可构成 8 位数据奇偶校验器。在具有多个输入端的异或门中,只有当奇数个输入端为高电平时,输出为高电平;当偶数个输入端为高电平时,输出为低电平。据此可设计出 8 位奇偶校验器。

用异或门构成的 8 位数据奇偶校验器原理图和电路图如图 7-3(a)和(b)所示。选用 CD4070 四 2 输入异或门芯片,因为需要 7 个异或门,故选用两片 CD4070。第二片 CD4070 4 个异或门中,只用其中 3 个,应把不用的那个异或门两输入端接地。

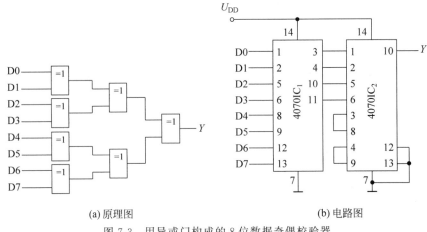

(a) 原理图 　　　　　　　　　　　　　　　　 (b) 电路图

图 7-3　用异或门构成的 8 位数据奇偶校验器

7.3　用 Proteus 软件仿真

【实例 7.1】　9 位奇偶产生器/校验器 74LS280 芯片功能测试电路如图 7-4 所示。74LS280 的外部输入引脚 D0～D8 接"逻辑状态"调试元件；EVEN（偶数）和 ODD（奇数）接"逻辑探针"调试元件。

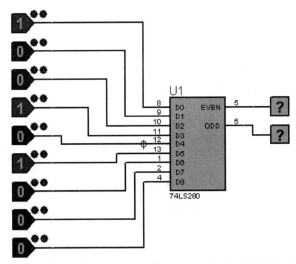

图 7-4　9 位奇偶产生器/校验器 74LS280 芯片功能测试电路

（1）向 74LS280 的外部输入引脚 D8～D0 输入电平"000000001"，单击 Proteus 图屏幕左下角的运行键，系统开始运行，出现如图 7-5 所示的 9 位奇偶产生器/校验器 74LS280 芯片功能测试结果图 1。此时，EVEN 为高电平"1"，ODD 为低电平"0"。表明输入呈"1"状态的个数为奇数。

（2）向 74LS280 的外部输入引脚 D8～D0 输入电平"000000011"，单击 Proteus 图屏幕左下角的运行键，系统开始运行，出现如图 7-6 所示的 9 位奇偶产生器/校验器 74LS280 芯片功能测试结果图 2。此时，EVEN 为低电平"0"，ODD 为高电平"1"。表明输入呈"1"状态的个数为偶数。

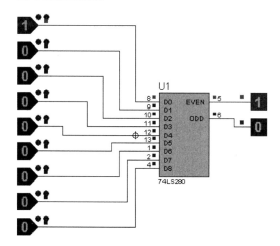

图 7-5 9 位奇偶产生器/校验器 74LS280 芯片
功能测试结果图 1

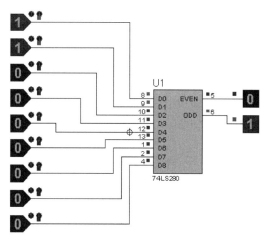

图 7-6 9 位奇偶产生器/校验器 74LS280 芯片
功能测试结果图 2

（3）向 74LS280 的外部输入引脚 D8～D0 输入电平"000000000"，单击 Proteus 图屏幕
左下角的运行键，系统开始运行，出现如图 7-7 所示的 9 位奇偶产生器/校验器 74LS280 芯
片功能测试结果图 3。此时，EVEN 为低电平"0"，ODD 为高电平"1"。表明输入呈"1"状态
的个数仍为偶数（0 也算偶数）。

（4）向 74LS280 的外部输入引脚 D8～D0 输入电平"111111111"，单击 Proteus 图屏幕左下
角的运行键，系统开始运行，出现如图 7-8 所示的 9 位奇偶产生器/校验器 74LS280 芯片功能
测试结果图 4。此时，EVEN 为高电平"1"，ODD 为低电平"0"。表明输入呈"1"状态的个数为
奇数。

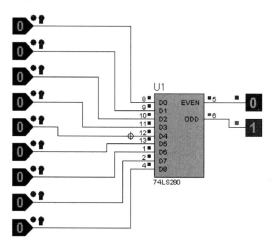

图 7-7 9 位奇偶产生器/校验器 74LS280 芯片
功能测试结果图 3

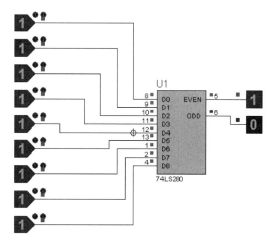

图 7-8 9 位奇偶产生器/校验器 74LS280 芯片
功能测试结果图 4

通过对 74LS280 9 位奇偶产生器/校验器功能的测定，可知：9 个输入脚（8～13、1、2、4
脚），输入呈"1"状态的个数是偶数（0、2、4、6、8）时，输出（偶数）5 脚为高电位，输出（奇数）6

脚为低电位；输入呈"1"状态的个数是奇数（1、3、5、7、9）时，输出（偶数）5 脚为低电位，输出（奇数）6 脚为高电位。

【实例 7.2】 8 位奇偶产生器/校验器 74LS180 芯片功能测试电路如图 7-9 所示。74LS180 的外部输入引脚 D0～D7（相当于图 7-2 中的 A～H）接"逻辑状态"调试元件，EI（EVEN）和 OI（ODD）输入也接"逻辑状态"调试元件；输出 EVEN 和 ODD 接"逻辑探针"调试元件。

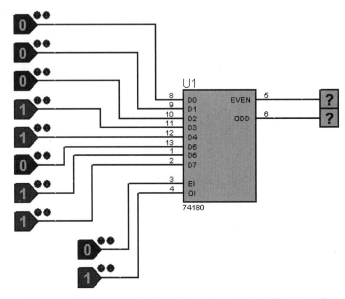

图 7-9　8 位奇偶产生器/校验器 74LS180 芯片功能测试电路

（1）向 74LS180 的输入引脚 D7～D0 输入电平"11000000"，向 EI 输入"1"，向 OI 输入"0"，单击 Proteus 图屏幕左下角的运行键，系统开始运行，出现如图 7-10 所示的 8 位奇偶产生器/校验器 74LS180 芯片功能测试结果图 1。此时，EVEN 为高电平"1"，ODD 为低电平"0"。

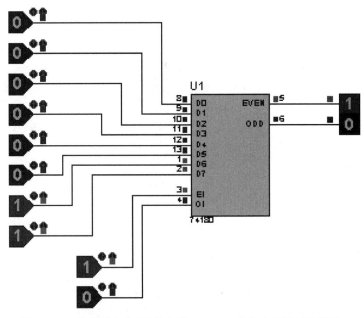

图 7-10　8 位奇偶产生器/校验器 74LS180 芯片功能测试结果图 1

（2）向 74LS180 的输入引脚 D7～D0 输入电平"11000001"，向 EI 输入"1"，向 OI 输入"0"不变，单击 Proteus 图屏幕左下角的运行键，系统开始运行，出现如图 7-11 所示的 8 位奇偶产生器/校验器 74LS180 芯片功能测试结果图 2。此时，EVEN 为低电平"0"，ODD 为高电平"1"。

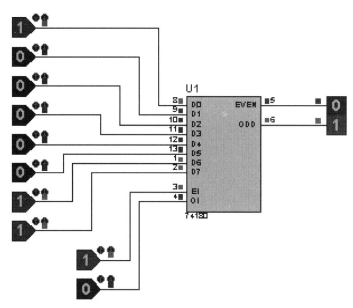

图 7-11　8 位奇偶产生器/校验器 74LS180 芯片功能测试结果图 2

（3）向 74LS180 的输入引脚 D7～D0 输入电平"11000000"，向 EI 输入"0"，向 OI 输入"1"，单击 Proteus 图屏幕左下角的运行键，系统开始运行，出现如图 7-12 所示的 8 位奇偶产生器/校验器 74LS180 芯片功能测试结果图 3。此时，EVEN 为低电平"0"，ODD 为高电平"1"。

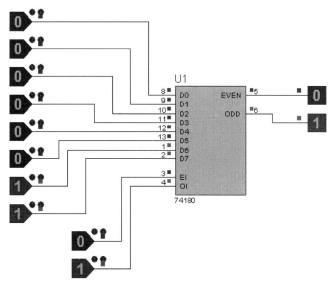

图 7-12　8 位奇偶产生器/校验器 74LS180 芯片功能测试结果图 3

（4）向 74LS180 的 D7～D0 输入电平"11000001"，向 EI 输入"0"，向 OI 输入"1"不变，单击 Proteus 图屏幕左下角的运行键，系统开始运行，出现如图 7-13 所示的 8 位奇偶产生器/校验器74LS180芯片功能测试结果图4。此时,EVEN为高电平"1",ODD为低电平"0"。

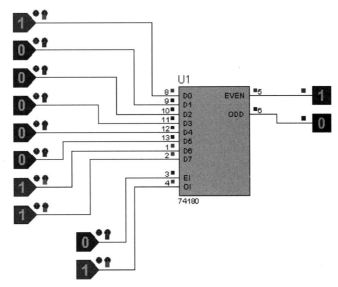

图7-13   8位奇偶产生器/校验器74LS180芯片功能测试结果图4

　　(5)向74LS180的输入引脚D7~D0输入电平"11000000",向EI输入"0",向OI也输入"0",单击Proteus图屏幕左下角的运行键,系统开始运行,出现如图7-14所示的8位奇偶产生器/校验器74LS180芯片功能测试结果图5。此时,EVEN和ODD均为高电平"1"。现在,向74LS180的输入引脚D7~D0输入电平"11000001",向EI和OI输入"0"不变,运行结果,EVEN和ODD均保持高电平"1"不变。

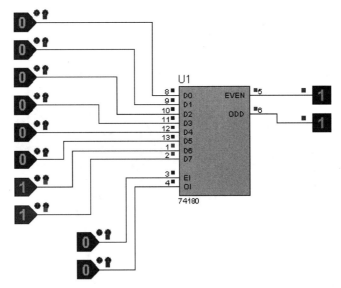

图7-14   8位奇偶产生器/校验器74LS180芯片功能测试结果图5

　　(6)向74LS180输入引脚的D7~D0输入电平"11000000",向EI输入"1",向OI也输入"1",单击Proteus图屏幕左下角的运行键,系统开始运行,出现如图7-15所示的8位奇偶产生器/校验器74LS180芯片功能测试结果图6。此时,EVEN和ODD均为低电平"0"。

现在,再向 74LS180 的输入引脚 D7~D0 输入电平"11000001",向 EI 和 OI 输入"1"不变,
运行结果,EVEN 和 ODD 均保持低电平"0"不变。

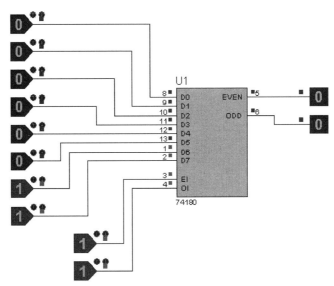

图 7-15　8 位奇偶产生器/校验器 74LS180 芯片功能测试结果图 6

至此,我们依照表 7-2 的 74LS180 真值表测试了一遍,可以发现:只要输入按照真值表
的输入给定,其输出就与真值表的输出一致。

通过对 74LS180 奇偶产生器/校验器功能的测定,可知:输出 ΣEVEN 和 ΣODD 的状
态不仅与 8 个输入脚(A~H)输入呈"1"状态的个数的奇偶性有关,还与 EVEN 和 ODD 两
个输入信号状态有关。

【实例 7.3】　用异或门构成的 8 位数据奇偶校验器电路如图 7-16 所示。图中,异或门
U2：A,U2：B,U2：C,U2：D 的 8 个输入端接"逻辑状态"调试元件,U3：C 的输出 Y 接"逻
辑探针"调试元件。异或门 U3：D 不用,但要把两个输入端接地。

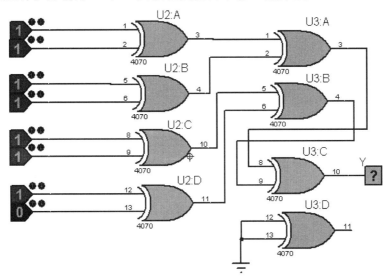

图 7-16　用异或门构成的 8 位数据奇偶校验器电路

（1）向异或门 U2：A、U2：B、U2：C、U2：D 的 8 个输入端输入电平"01111111"，单击 Proteus 图屏幕左下角的运行键，系统开始运行，出现如图 7-17 所示的用异或门构成的 8 位数据奇偶校验器测试结果图 1。此时，Y 为高电平"1"，表明 8 位输入中"1"的个数为奇数。

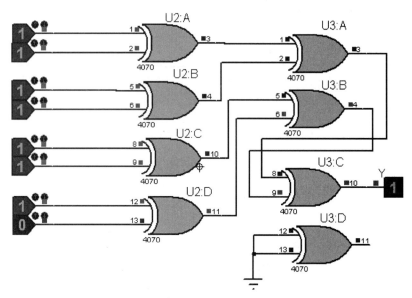

图 7-17　用异或门构成的 8 位数据奇偶校验器电路测试结果图 1

（2）向异或门 U2：A、U2：B、U2：C、U2：D 的 8 个输入端输入电平"01111110"，单击 Proteus 图屏幕左下角的运行键，系统开始运行，出现如图 7-18 所示的用异或门构成的 8 位数据奇偶校验器测试结果图 2。此时，Y 为高电平"0"，表明 8 位输入中"1"的个数为偶数。

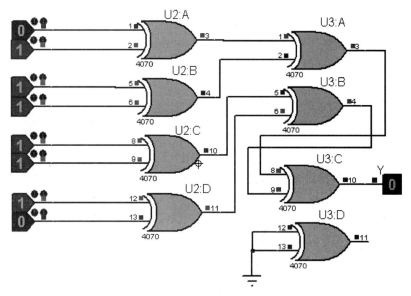

图 7-18　用异或门构成的 8 位数据奇偶校验器电路测试结果图 2

（3）给 8 个输入端输入不同的电平，可得出结论：当输入中"1"的个数是奇数时，输出 Y 为高电平"1"；当输入中"1"的个数是偶数时，输出 Y 为低电平"0"。

7.4　小结

本章共有 3 个实例,分别为:

(1) 9 位奇偶产生器/校验器 74LS280 芯片功能测试电路;

(2) 8 位奇偶产生器/校验器 74LS180 芯片功能测试电路;

(3) 用异或门构成的 8 位数据奇偶校验器电路。

能够检验若干输入信号中高电平信号个数奇偶性的电路,称为奇偶产生器/校验器电路,它也属于组合逻辑电路。

第8章

数据选择器及其应用

8.1 设计目的

(1) 掌握数据选择器的工作原理及逻辑功能。

(2) 熟悉数据选择器 74LS153、74LS151、74LS257 的功用和测试方法。

(3) 用双 4 选 1 数据选择器 74LS153 组成 1 位全减器电路。

(4) 用双 4 选 1 数据选择器 74LS153 组成 4 位奇偶校验器电路。

(5) 用 8 选 1 数据选择器 74LS151 构成一个多数表决电路。

(6) 用 8 选 1 数据选择器 74LS151 构成一个 2 位数值比较器。

(7) 测试双四 2 选 1 数据选择器 74LS257 的功能。

8.2 设计原理

在数字信号的传输过程中,有时需要从一组输入数据中选出某一个来,这时就需要用到
一种称为数据选择器或多路开关(Data Selector/
Multiplexer)的逻辑电路。数据选择器的功能是根据
地址选择码从多路输入数据中选择一路,送到输出。
其作用与如图 8-1 所示的单刀多掷开关相似。

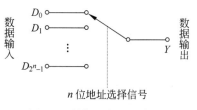

图 8-1 数据选择器示意图

一个 n 个地址端的数据选择器,具有 2^n 个数据选
择功能。例如,数据选择器 74LS153, $n=2$,可完成 4
选 1 的功能;数据选择器 74LS151, $n=3$,可完成 8 选 1
的功能。

TTL 74 系列和 CMOS 4000 系列的集成电路数据选择器有多种,如 74LS153、74LS151、
74HC251、74HC253、74HC257 和 74HC258 等。74LS153 为双 4 选 1 数据选择器,74LS151
为 8 选 1 数据选择器,74HC251 为 8 选 1 数据选择器(三态),74HC253 为双 4 选 1 数据选
择器(三态),74HC257 为双四 2 选 1 数据选择器(三态,同相),74HC258 为双四 2 选 1 数据
选择器(三态,反相)。本章介绍集成电路数据选择器 74LS153、74LS151、74LS257 的用法。

1. 双 4 选 1 数据选择器 74LS153

所谓双 4 选 1 数据选择器就是在一块集成芯片上有两个 4 选 1 数据选择器。4 选 1 数据选择器示意图如图 8-2 所示，74LS153 芯片的引脚排列如图 8-3 所示。表 8-1 为 74LS153 的功能表。

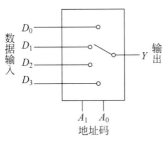

图 8-2 数据选择器示意图

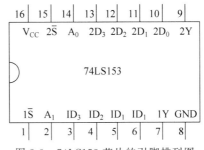

图 8-3 74LS153 芯片的引脚排列图

表 8-1 74LS153 的功能表

输	入		输	出
$\overline{S}$	A_1	A_0		Y
1	×	×		0
0	0	0		D_0
0	0	1		D_1
0	1	0		D_2
0	1	1		D_3

$1\overline{S}$、$2\overline{S}$ 为两个独立的使能端；A_1、A_0 为公共地址输入端；$1D_0 \sim 1D_3$，$2D_0 \sim 2D_3$ 分别为两个 4 选 1 数据选择器；$1Y$、$2Y$ 为两个输出端。

(1) 当使能端 $1\overline{S}(2\overline{S})=1$ 时，多路开关被禁止，无输出，$Y=0$。

(2) 当使能端 $1\overline{S}(2\overline{S})=0$ 时，多路开关正常工作，根据地址码 A_1、A_0 的状态，将相应的数据 $D_0 \sim D_3$ 送到输出端 Y。例如：

$A_1 A_0 = 00$，则选择 D_0 数据到输出端，即 $Y = D_0$；

$A_1 A_0 = 01$，则选择 D_1 数据到输出端，即 $Y = D_1$，其余类推。

用 74LS153 可以组成 1 位全减器电路，输入为被减数、减数和来自低位的借位；输出为两数之差和向高位的借位信号。1 位全减器的真值表如表 8-2 所示。

表 8-2 1 位全减器的真值表

c_in	b	a	dif	c_out
0	0	0	0	0
0	0	1	1	0
0	1	0	1	1
0	1	1	0	0
1	0	0	1	1
1	0	1	0	0
1	1	0	0	1
1	1	1	1	1

表中,a 为被减数,b 为减数,c_in 为低位向本位的借位,dif 为差,c_out 为本位向高位的借位。

2. 8 选 1 数据选择器 74LS151

74LS151 为互补输出的 8 选 1 数据选择器。74LS151 芯片的引脚排列如图 8-4 所示。表 8-3 为 74LS151 的功能表。

$A_2 \sim A_0$ 为选择控制端(地址端),按二进制译码,从 8 个输入数据 $D_0 \sim D_7$ 中选择一个需要的数据送到输出端 Y,$\bar{S}$ 为使能端,低电平有效。

(1) 当使能端 $\bar{S}=1$ 时,不论 $A_2 \sim A_0$ 状态如何,均无输出($Y=0$,$\bar{Y}=1$),多路开关被禁止。

(2) 当使能端 $\bar{S}=0$ 时,多路开关正常工作,根据地址码 A_2、A_1、A_0 的状态,选择 $D_0 \sim D_7$ 中某一个通道的数据输送到输出端 Y。例如:

$A_2 A_1 A_0 = 000$,则选择 D_0 数据到输出端,即 $Y = D_0$;

$A_2 A_1 A_0 = 001$,则选择 D_1 数据到输出端,即 $Y = D_1$;

其余以此类推。

图 8-4　74LS151 芯片的引脚排列图

表 8-3　74LS151 的功能表

输　　入				输　　出	
$\bar{S}$	A_2	A_1	A_0	Y	$\bar{Y}$
1	$\times$	$\times$	$\times$	0	1
0	0	0	0	D_0	$\bar{D}_0$
0	0	0	1	D_1	$\bar{D}_1$
0	0	1	0	D_2	$\bar{D}_2$
0	0	1	1	D_3	$\bar{D}_3$
0	1	0	0	D_4	$\bar{D}_4$
0	1	0	1	D_5	$\bar{D}_5$
0	1	1	0	D_6	$\bar{D}_6$
0	1	1	1	D_7	$\bar{D}_7$

3. 双四 2 选 1 数据选择器 74LS257

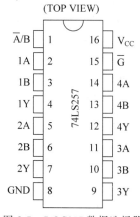

74LS257 为双四 2 选 1 数据选择器(三态,同相),其引脚排列如图 8-5 所示。$\bar{G}$ 为控制输入端,低电平有效,当 $\bar{G}$ 为高电平时,$1Y \sim 4Y$ 为高阻态。$\bar{A}/B$ 为选择端,当 $A=0$ 时,$1Y=1A$、$2Y=2A$、$3Y=3A$、$4Y=4A$;当 $B=1$ 时,$1Y=1B$、$2Y=2B$、$3Y=3B$、$4Y=4B$。表 8-4 是 74LS257 数据选择器真值表。

由表 8-4 可以看出,当选通端 $\bar{G}$ 为低电平且 $A=0$ 时,$1Y=1A$、$2Y=2A$、$3Y=3A$、$4Y=4A$;当选通端 $\bar{G}$ 为低电平且 $B=1$ 时,$1Y=1B$、$2Y=2B$、$3Y=3B$、$4Y=4B$。当选通端 $\bar{G}$ 为高电平时,$1Y \sim 4Y$ 为高阻态(Z 代表高阻状态)。

图 8-5　74LS257 数据选择器引脚排列图

表 8-4 74LS257 数据选择器真值表

输 入			输 出
$\overline{G}$	A	B	Y
H	×	×	Z
L	L	×	L
L	H	×	H
L	×	L	L
L	×	H	H

8.3 用 Proteus 软件仿真

【实例 8.1】 用双 4 选 1 数据选择器 74LS153 组成的 1 位全减器电路如图 8-6 所示。已知,电路中 A 为被减数,B 为减数,C 为低位向本位的借位,1Y 为差值,2Y 为本位向高位的借位。

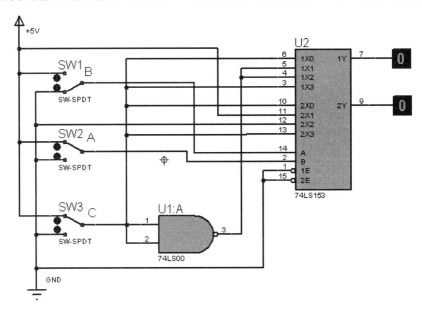

图 8-6 用双 4 选 1 数据选择器 74LS153 组成的 1 位全减器电路

置 B=1,A=0,C=0,用 Proteus 交互仿真功能,可以测出电路的输出,如图 8-7 所示。图中 1Y=1,2Y=1。对照表 8-2 的 1 位全减器的真值表,可知,这符合表 8-2 中的第 3 种情况。置 B、A、C 为其他的数,再次仿真,发现与表 8-2 中的输出结果完全一致。

【实例 8.2】 用双 4 选 1 数据选择器 74LS153 组成的 4 位奇偶校验器电路如图 8-8 所示。已知,电路由 74LS153 和两路 74LS86 组成。由开关 A、B、C、D 输入,开关接+5V,为"1";接地,为"0"。由 74LS153 的 1Y 脚观察输出。

置开关,使 A=1、B=1、C=1、D=0,使用 Proteus 交互仿真功能,可以测出电路的输出,如图 8-9 所示。可见,此时 1Y=1,表明输入"1"的个数是奇数。可以改变开关 A、B、C、D 的输入,改变一个即仿真一次。最终会得出这样的结论:4 位输入中含有奇数个"1"时,输出为"1";含有偶数个"1"时(包括 0000),输出为"0"。

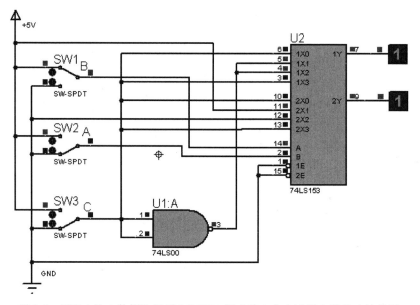

图 8-7　用双 4 选 1 数据选择器 74LS153 组成的 1 位全减器电路输出结果图

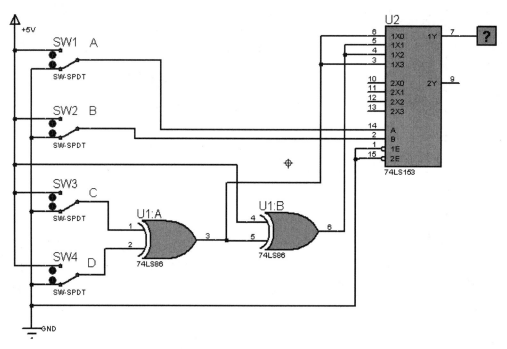

图 8-8　用双 4 选 1 数据选择器 74LS153 组成的 4 位奇偶校验器电路

【实例 8.3】　用 8 选 1 数据选择器 74LS151 构成的三变量多数表决电路如图 8-10 所示。由开关 A、B、C 输入，开关接＋5V，为"1"；接地，为"0"。由 74LS151 的 Y 脚观察输出。

　　置开关，使 A＝1、B＝1、C＝0，利用 Proteus 交互仿真功能，可以测出电路的输出，如图 8-11 所示。可见，此时 Y＝1。这表明在 3 个中有 2 个是"1"，表明多数同意，故输出"1"。可以改变开关 A、B、C 的输入，改变一个即仿真一次。最终会得出这样的结论：该电路有 3

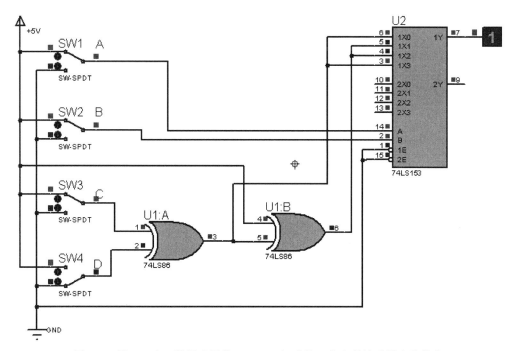

图 8-9 用双 4 选 1 数据选择器 74LS153 组成的 4 位奇偶校验器电路仿真

个输入端 A、B、C,分别代表 3 个人的表决情况。"同意"为 1 态,"不同意"为 0 态,当多数
"同意"时,输出为 1 态;否则,输出 0 态。

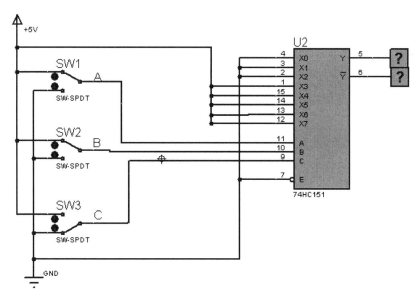

图 8-10 用 8 选 1 数据选择器 74LS151 构成的三变量多数表决电路

【实例 8.4】 用 8 选 1 数据选择器 74LS151 构成的 2 位数值比较电路如图 8-12 所示。
由开关 A、B、C、D 输入数值,开关接+5V,为"1";接地,为"0"。由 74LS151 的 Y 脚观察
输出。

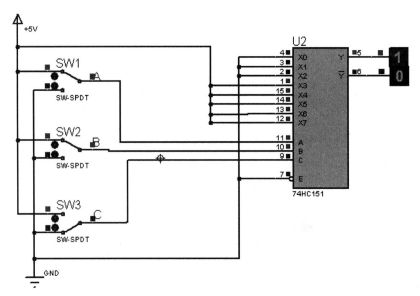

图 8-11 用 8 选 1 数据选择器 74LS151 构成的三变量多数表决电路输出

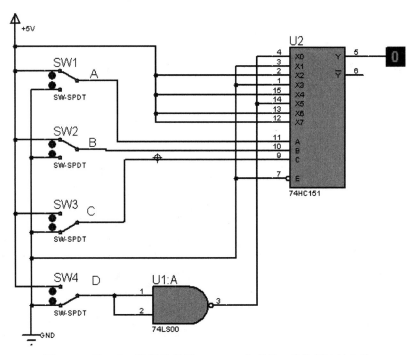

图 8-12 用 8 选 1 数据选择器 74LS151 构成的 2 位数值比较电路

置开关，使 A=0、B=0、C=1、D=1，利用 Proteus 交互仿真功能，可以测出电路的输出，如图 8-13 所示。可见，此时 Y=1。这表明在 CD>AB 时，输出 Y 是"1"。可以改变开关 A、B、C、D 的输入，改变一个即仿真一次。最终会得出结论：将数值 CD 与数值 AB 进行比较，当 CD≥AB 时，比较器输出 Y=1；否则输出 Y=0。

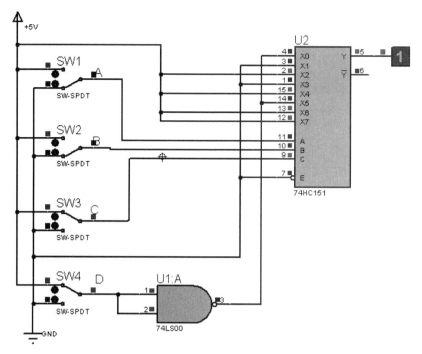

图 8-13　用 8 选 1 数据选择器 74LS151 构成的 2 位数值比较电路仿真

【**实例 8.5**】　双四 2 选 1 数据选择器 74LS257 功能测试电路如图 8-14 所示。注意，引脚排列图（图 8-5）中 15 脚 $\overline{G}$，在 Proteus 图中为 $\overline{OE}$。74LS257 的 1A～4B 接"逻辑状态"调试元件，$\overline{A}/B$ 和 $\overline{OE}$ 也接"逻辑状态"调试元件；1Y～4Y 接"逻辑探针"调试元件。

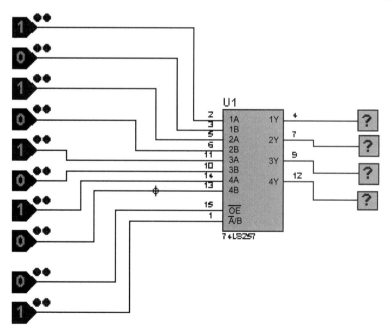

图 8-14　双四 2 选 1 数据选择器 74LS257 功能测试电路

（1）向 1A～4B 输入相互交替高低电平"10101010"，向 $\overline{A}/B$ 输入低电平"0"，向 $\overline{OE}$ 输入高电平"1"。单击 Proteus 图屏幕左下角的运行键，系统开始运行，出现如图 8-15 所示的双四 2 选 1 数据选择器 74LS257 芯片功能测试结果图 1。此时，1Y～4Y 均为高阻态，表明数据选择器还没有工作。

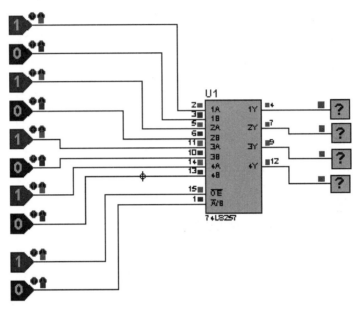

图 8-15 双四 2 选 1 数据选择器 74LS257 功能测试结果图 1

（2）仍向 1A～4B 输入相互交替高低电平"10101010"，向 $\overline{A}/B$ 输入低电平"0"，向 $\overline{OE}$ 输入低电平"0"。单击 Proteus 图屏幕左下角的运行键，出现如图 8-16 所示的双四 2 选 1 数据选择器 74LS257 芯片功能测试结果图 2。此时，输出 1Y＝1A、2Y＝2A、3Y＝3A、4Y＝4A，这表明输入端 1A～4A 的电平和输出端 1Y～4Y 接通了。

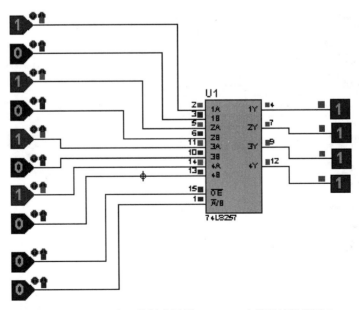

图 8-16 双四 2 选 1 数据选择器 74LS257 功能测试结果图 2

（3）如果其他条件不变，向 $\overline{A}/B$ 输入高电平"1"，重新仿真，输出结果就是 1Y=1B、2Y=2B、3Y=3B、4Y=4B，这表明输入端 1B～4B 的电平和输出端 1Y～4Y 接通了。

结论：当选通端 $\overline{OE}$ 输入低电平"0"且 $\overline{A}/B$ =0 时，1Y=1A、2Y=2A、3Y=3A、4Y=4A；当选通端 $\overline{OE}$ 输入低电平"0"且 $\overline{A}/B$ =1 时，1Y=1B、2Y=2B、3Y=3B、4Y=4B。

8.4　小结

本章共有 5 个实例，分别为：

（1）用双 4 选 1 数据选择器 74LS153 组成的 1 位全减器电路；

（2）用双 4 选 1 数据选择器 74LS153 组成的 4 位奇偶校验器电路；

（3）用 8 选 1 数据选择器 74LS151 构成的三变量多数表决电路；

（4）用 8 选 1 数据选择器 74LS151 构成的两位数值比较电路；

（5）双四 2 选 1 数据选择器 74LS257 功能测试电路。

数据选择器的功能是根据地址选择码从多路输入数据中选择一路，送到输出。常用的集成电路数据选择器有双 4 选 1 数据选择器 74LS153、8 选 1 数据选择器 74LS151 和双四 2 选 1 数据选择器 74LS257 等。

第9章

触发器及其应用

9.1 设计目的

(1) 了解触发器的构成方法及工作原理。

(2) 熟悉各类触发器的功能和特性。

(3) 掌握和熟练地应用各种集成触发器。

(4) 掌握集成触发器 74LS112、74LS74 的功能及其使用方法。

(5) 用 JK 触发器 74LS112 及 74LS00 构成双相时钟脉冲电路。

(6) 用触发器 74LS112 构成数值比较器电路。

(7) 用触发器 74LS74 构成二进制加法计数器电路。

9.2 设计原理

触发器(Flip-Flop)是一种具有记忆功能的逻辑部件,其输出不仅与当前输入有关,还与电路原来所处的状态有关。触发器有两个稳定状态,分别表示二进制数码的"0"和"1"。触发器可以长期保存所记忆的信息,只有在一定外界触发信号的作用下,它们才能从一个稳定状态翻转到另一个稳定状态,即存入新的数码。由触发器和逻辑门组成的电路称为时序逻辑电路,与组合逻辑电路合称为数字电路的两大重要分支。

1. 触发器介绍

1) 触发器的符号

触发器用图 9-1 所示的符号表示。图中各引脚的含义见图中标注。

几种常见的触发器见图 9-2。

2) 触发器的状态

触发器的状态就是指触发器输出端 Q 的状态,$Q=0$ 时的触发器状态为"0",$Q=1$ 时的触发器状态为"1",如图 9-3 所示。在时钟脉冲的作用下触发器的状态会根据输入信号的不同情况发生变化,发生变化前的触发器的状态称为现态,用符号 Q^n 表示,而变化后的触发器

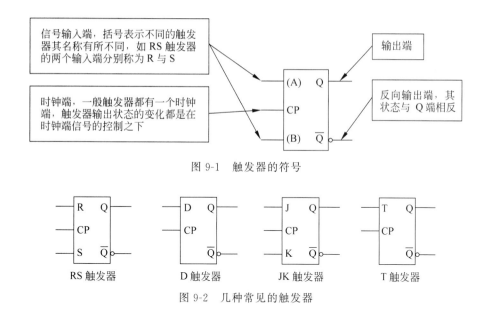

图 9-1 触发器的符号

图 9-2 几种常见的触发器

的状态称为次态,用符号 Q^{n+1} 表示。如,在时钟脉冲的作用下,Q 由"0"变为"1",则 $Q^n = 0$,$Q^{n+1} = 1$。

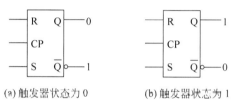

(a)触发器状态为 0   (b)触发器状态为 1

图 9-3 触发器的状态

触发器状态的变化是在时钟脉冲的作用下根据输入信号和触发器的现态而产生的,这一点与组合逻辑电路有较大的区别。

(1) 触发器的输出(次态 Q^{n+1})不仅取决于输入信号,而且与触发器的现态有关,即触发器的输出不仅是输入信号(如 R、S 或 J、K 等)的函数,而且还是现态 Q^n 的函数。

(2) 触发器的输出是由时钟脉冲控制的,当时钟脉冲无效时,无论输入信号如何变化输出端均保持不变。只有当时钟脉冲有效时输出才会根据逻辑关系发生变化。

可以将触发器变化情况分为以下 4 种。

(1) 保持:$Q^{n+1} = Q^n$,即触发器的状态保持不变。

(2) 翻转:$Q^{n+1} = \overline{Q^n}$,触发器状态翻转,当原态为"0"时次态变为"1";当原态为"1"时次态变为"0"。

(3) 清零:$Q^{n+1} = 0$,触发器状态清零,无论触发器原态为何种状态,次态均为"0"。

(4) 置1:$Q^{n+1} = 1$,触发器状态置1,无论触发器原态为何种状态,次态均为"1"。

3) 触发器的触发方式

触发器只有在一定外界触发信号的作用下,才能从一个稳定状态翻转到另一个稳定状态。触发方式共有两种,分别是电位触发和边沿触发。电位触发又分为高电位触发和低电位触发;边沿触发又分为上升沿触发和下降沿触发两种。触发器的触发条件见表 9-1。

表 9-1 触发器的触发条件

分　　类		符　　号	说　　明	图　　示	特　　点
电位触发	高电位触发	⊥ CP	当时钟脉冲为高电位时触发	时钟脉冲〔触发区间〕	在时钟脉冲的一个区间内触发,在触发区间,输入信号一般不得发生变化
	低电位触发	⊥ CP	当时钟脉冲为低电位时触发	时钟脉冲〔触发区间〕	
边沿触发	上升沿触发	◁ CP	时钟脉冲上升沿 $(0\rightarrow1)$ 时触发	时钟脉冲〔触发点〕	仅在边沿处触发,输出稳定性较高
	下降沿触发	◁ CP	时钟脉冲下降沿 $(1\rightarrow0)$ 时触发	时钟脉冲〔触发点〕	

4)触发器的直接置 1 和直接清零

许多触发器都有直接置 1 端和直接清零端,有的有其中一个。当直接置 1 端有效时,触发器的输出直接为"1",不管是否有时钟脉冲;当直接清零端有效时,触发器的输出直接为"0",不管是否有时钟脉冲。但是,直接置 1 端和直接清零端不能同时有效。直接置 1 又分高电平有效和低电平有效,直接清零也分高电平有效和低电平有效。

2. 几种常见触发器

几种常见电路触发器是基本 RS 触发器、同步 RS 触发器、JK 触发器和 D 触发器。

1)基本 RS 触发器

基本 RS 触发器是一种极简单的触发器,它没有时钟控制端,只有两个置 1 或清零端 R 和 S,通常由两个与非门或两个或非门组成。由两个与非门组成的基本 RS 触发器如图 9-4(a)所示,图 9-4(b)为基本 RS 触发器的逻辑符号。表 9-2 为基本 RS 触发器的逻辑功能表。

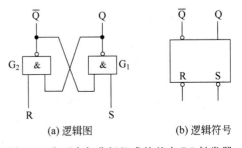

(a) 逻辑图　　　　　　　(b) 逻辑符号

图 9-4　由两个与非门组成的基本 RS 触发器

表 9-2　基本 RS 触发器的逻辑功能表

R	S	Q^n	Q^{n+1}	功能说明
0	0	0	×	不稳定状态
0	0	1	×	
0	1	0	0	清零(复位)
0	1	1	0	

续表

R	S	Q^n	Q^{n+1}	功能说明
1	0	0	1	置1(置位)
1	0	1	1	
1	1	0	0	保持原状态
1	1	1	1	

表中,R 和 S 均为"0"时,Q^{n+1} 为不稳定状态。故 R 和 S 不得同时为"0",称为约束条件。

2)同步 RS 触发器

同步 RS 触发器是在基本 RS 触发器上,增加一个时钟控制端 CP 而成,只有 CP 端上出现时钟脉冲时,触发器的状态才能变化。具有时钟控制的触发器状态的改变与时钟脉冲同步,所以称为同步触发器,如图 9-5 所示。图 9-5(a)为同步触发器的逻辑图,图 9-5(b)为同步触发器的逻辑符号。表 9-3 为同步 RS 触发器的逻辑功能表。

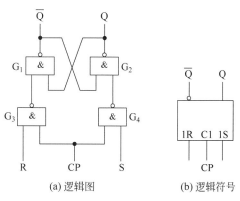

(a) 逻辑图 (b) 逻辑符号

图 9-5 同步 RS 触发器

表 9-3 同步 RS 触发器的逻辑功能表

R	S	Q^n	Q^{n+1}	功能说明
0	0	0	0	保持原状态
0	0	1	1	
0	1	0	1	输出状态与 S 状态同
0	1	1	1	
1	0	0	0	输出状态与 S 状态同
1	0	1	0	
1	1	0	$\times$	不稳定状态
1	1	1	$\times$	

表 9-3 中,R 和 S 均为"1"时,Q^{n+1} 为不稳定状态。故 R 和 S 不得同时为 1,称为约束条件。同步 RS 触发器还有一个缺点,即有"空翻"现象。所谓"空翻"是指,在时钟脉冲周期中,触发器发生多次翻转的现象。

3)JK 触发器

JK 触发器就是为避免同步 RS 触发器的缺点而设计的一种触发器,其逻辑功能与 RS 触发器逻辑功能基本相同,不同之处在于 JK 触发器没有约束条件,也就避免了"空翻"现象。JK 触发器有两个输入端 J 和 K。在 $J=K=1$ 时,每输入一个时钟脉冲后,触发器向相反方向翻转一次。图 9-6 为 JK 触发器的逻辑符号,表 9-4 为 JK 触发器的逻辑功能表。

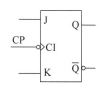

图 9-6 JK 触发器的逻辑符号

表 9-4　JK 触发器的逻辑功能表

J	K	Q^n	Q^{n+1}	功 能 说 明
0	0	0	1	保持原状态
0	0	1	1	
0	1	0	0	输出状态与 J 状态同
0	1	1	0	
1	0	0	1	输出状态与 J 状态同
1	0	1	1	
1	1	0	1	每输入一个脉冲,输
1	1	1	0	出状态改变一次

从表 9-4 可以看到,JK 触发器,不管 J 和 K 取什么值,都不会出现不稳定状态,故没有约束条件。但"旧的问题解决了,新的问题出现了",JK 触发器有一种"一次变化"现象,它也是一种有害现象。所谓"一次变化现象"是指,在时钟信号 CP＝1 期间,输入端(J、K)出现干扰信号,有可能造成触发器的误动作。

4)D 触发器

为了解决 JK 触发器"一次变化"的问题,人们设计了边沿触发器,即 D 触发器,它的输入信号除时钟输入端外,只有一个输入端 D。边沿触发器不仅将触发器的触发翻转控制在 CP 触发沿到来的一瞬间,而且将接收输入信号的时间也控制在 CP 触发沿到来的前一瞬间。因此,边沿触发器既没有空翻现象,也没有一次变化问题。图 9-7 为 D 触发器的逻辑符号,表 9-5 为 D 触发器的逻辑功能表。

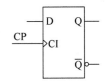

图 9-7　D 触发器的逻辑符号

表 9-5　D 触发器的逻辑功能表

D	Q^n	Q^{n+1}	功 能 说 明
0	0	0	输出状态与 D 状态同
0	1	0	
1	0	1	
1	1	1	

从表 9-5 可以看到,D 触发器的输出状态始终与 D 状态相同。

3. 集成触发器

做成集成电路的触发器很多,这里只介绍两种:集成 JK 触发器 74LS112 和集成 D 触发器 74LS74。

1)集成 JK 触发器 74LS112

双下降沿 JK 触发器 74LS112,在时钟脉冲的后沿(负跳变)发生反转,它具有清零、置 1、计数和保持功能。其引脚排列如图 9-8 所示。74LS112 的逻辑功能如表 9-6 所示。

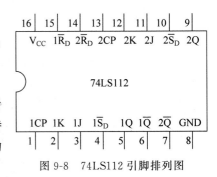

图 9-8　74LS112 引脚排列图

表 9-6　74LS112 的逻辑功能

输　入					输　出	
$\overline{S}_D$	$\overline{R}_D$	CP	J	K	Q^{n+1}	$\overline{Q}^{n+1}$
0	1	×	×	×	1	0
1	0	×	×	×	0	1
0	0	×	×	×	φ	φ
1	1	↓	0	0	Q^n	$\overline{Q}^n$
1	1	↓	1	0	1	0
1	1	↓	0	1	0	1
1	1	↓	1	1	$\overline{Q}^n$	Q^n
1	1	↑	×	×	Q^n	$\overline{Q}^n$

　　J 和 K 为数据输入端,是触发器状态更新的依据,若 J、K 有两个或两个以上输入端时,组成"与"的关系。Q 与 $\overline{Q}$ 为两个互补输出端。通常把 $Q=0$、$\overline{Q}=1$ 的状态定为触发器"0"状态;把 $Q=1$、$\overline{Q}=0$ 的状态定为触发器"1"状态。JK 触发器常被用作缓冲存储器、移位寄存器和计数器。

　　2) 集成 D 触发器 74LS74

　　74LS74 是一种双 D 触发器集成电路芯片,内有两个 D 触发器。D 触发器只有一个输入端 D,74LS74 的时钟脉冲触发方式为上升沿触发,带有一个直接清零端和一个直接置 1 端。其引脚排列如图 9-9 所示。74LS74 的逻辑功能如表 9-7 所示。

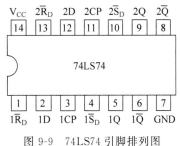

图 9-9　74LS74 引脚排列图

表 9-7　74LS74 的逻辑功能

输　入				输　出	
S_D	R_D	CP	D	Q	$\overline{Q}$
L	H	×	×	H	L
H	L	×	×	L	H
L	L	×	×	H*	H*
H	H	↑	H	H	L
H	H	↑	L	L	H
H	H	L	×	Q_0	$\overline{Q}_0$

注:* 这是一种不稳定状态。

　　由表 9-7 可以看出,S_D 为 L,R_D 为 H 时,输出 Q 为高电平; S_D 为 H,R_D 为 L 时,输出 Q 为低电平; S_D 和 R_D 均为 L 时,输出 Q 不稳定; S_D 和 R_D 均为 H 时,分两种情况:若时钟上升沿到来,输出 Q 随 D 变化,D 高 Q 高,D 低 Q 低;若时钟不来(维持低电平),输出 Q 保持不变。

　　通过对 74LS74 芯片功能的测定,可知:

　　(1) 当 $S=0$、$R=1$ 状态时,$Q=0$、$\overline{Q}=1$,即器件被清零。

（2）当 $S=1$、$R=0$ 状态时，$Q=1$、$\bar{Q}=0$，即器件被置 1。

（3）当 $S=1$、$R=1$ 状态时，若 $D=1$，CLK 来一个上升沿↑，则 $Q=D=1$、$\bar{Q}=0$；若 $D=0$，CLK 来一个上升沿↑，则 $Q=D=0$、$\bar{Q}=1$。

4．集成触发器应用

1）用触发器组成计数器

触发器具有"0"和"1"两种状态，因此用一个触发器就可以表示一位二进制数。如果把 n 个触发器串联起来，就可以表示 n 位二进制数。对于十进制计数器，它的 10 个数码要求有 10 个状态，要由 4 位二进制数来构成。图 9-10 所示是由 D 触发器组成的 4 位异步二进制加法计数器。

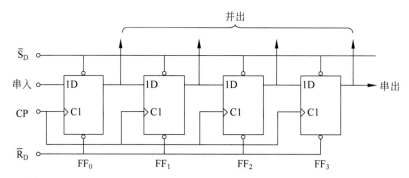

图 9-10　由 D 触发器组成的 4 位异步二进制加法计数器

2）用触发器组成移位寄存器

不论哪种触发器都有两个互相对立的状态"1"和"0"，而且触发器翻转以后，都能保持原状态，所以可把触发器看作一个能存 1 位二进制数的存储单元，又由于它只是用于暂时存储信息，故称为寄存器。

以移位寄存器为例，它是一种由触发器链形连接构成同步时序电路，每个触发器的输出连到下一级触发器的控制输入端，在时钟脉冲的作用下，将存储在移位寄存器中的信息逐位地左移或右移。

一种由 D 触发器构成的单向移位寄存器如图 9-11 所示，可把信号从串入端输入，在时钟脉冲 CP 的作用下，按高位先入、低位后入的顺序进行。这种电路有两种输出方式，即串出和并出。

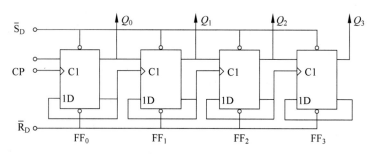

图 9-11　由 D 触发器构成的单向移位寄存器

5. 集成触发器应用例子

1）用触发器组成双相时钟脉冲电路

用JK触发器及与非门构成的双相时钟脉冲电路，如图9-12所示。此电路是用将时钟脉冲CP转换成两相时钟脉冲CP_A及CP_B，其频率相同，但相位不同。

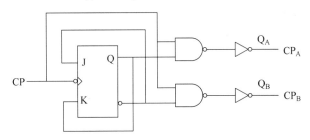

图9-12 用触发器组成双相时钟脉冲电路

2）用触发器组成数值比较器电路

图9-13所示是用JK触发器组成的数值比较器电路。在C_r端执行清零后，串行输入A、B两数（先送高位），输出端即可判决两数A、B的大小。

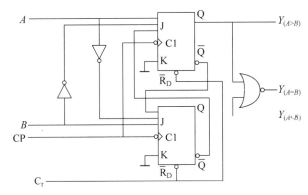

图9-13 用触发器组成数值比较器电路

9.3 用Proteus软件仿真

【实例9.1】 用JK触发器74LS112及74LS00构成的双相时钟脉冲电路如图9-14所示。输入的基础时钟信号由CLK端接入，此信号要同时接到74LS112的CLK端和两个74LS00中的一个输入端。用虚拟示波器同时观察两路时钟脉冲输出，为了比较方便，也显示输入的时钟信号。

先将输入信号设定为幅度3V、频率50Hz的近似方波信号，开始仿真，虚拟示波器就会显示出输出信号，如图9-15所示。由图可见，示波器上面显示的就是两个频率相同、相位不同的时钟脉冲，而第三个信号就是输入近似方波信号。

【实例9.2】 用触发器74LS112构成的数值比较器电路如图9-16所示。图9-16中的开关A、B用于比较那两个一位数的大小，开关C提供时钟的下降沿；开关R用于清零。输

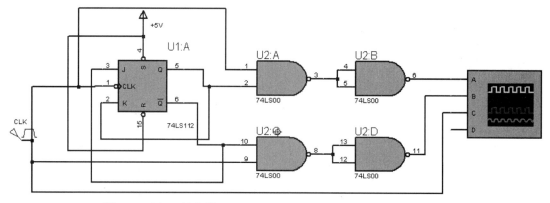

图 9-14　用 JK 触发器 74LS112 和 74LS00 构成的双相时钟脉冲电路

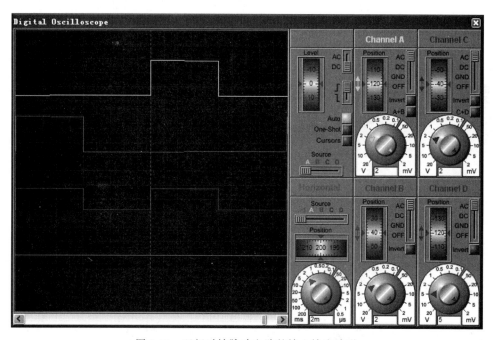

图 9-15　双相时钟脉冲电路的输入输出波形

出接"逻辑探针"调试元件,X1、X2、X3 依次代表 A>B、A＝B、A<B。

　　先将开关 R 接通＋5V,开关 C 也接通＋5V,开关 A 接地,开关 B 也接通＋5V,开始仿真,使开关 C 接地后再接＋5V,可以发现 X1＝0、X2＝0、X3＝1,如图 9-17 所示。此时 X3＝1,表示 A<B。改变 A、B 的输入电平,使开关 C 接地后再接＋5V,X1、X2、X3 就会作相应的改变。X1、X2、X3 的显示符合以下规律:A＝0,B＝0,A＝B; A＝0,B＝1,A<B; A＝1,B＝0,A>B; A＝1,B＝1,A＝B。

　　【实例 9.3】 用触发器 74LS74 构成的二进制加法计数器电路如图 9-18 所示。图 9-18中共用 4 路触发器 74LS74,属于串入/并出计数器。计数信号从 U1：A 的 74LS74 CLK 脚输入,从 4 个 74LS74 的各自 Q 端(X4、X3、X2、X1)输出。

　　从 CL 端输入幅度＋3V,频率 1Hz 的正弦波信号,利用 Proteus 交互仿真功能,可以显示电路的计数过程,从仿真开始,计数值 0001、0010、0011、0100、…,逐渐增加,一直增加到

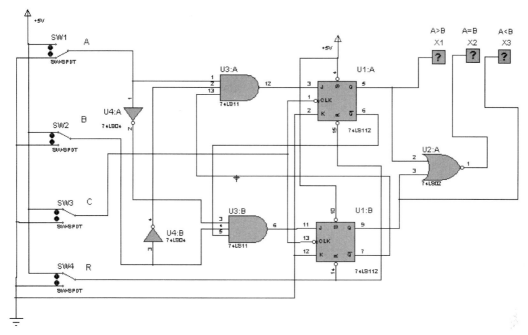

图 9-16 用触发器 74LS112 构成的数值比较器电路

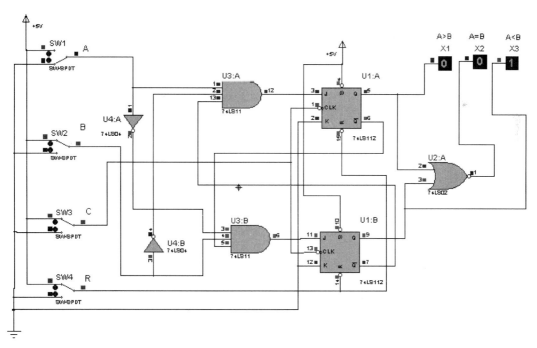

图 9-17 用触发器 74LS112 构成的数值比较器仿真电路

1111,图 9-19 显示的就是这个最大值。在下一秒,就显示全 0,即"0000",开始下一轮计数过程。因为显示的最大数是"1111(0FH)",用十进制表示就是"15",所以以上计数器是十六进制计数器。

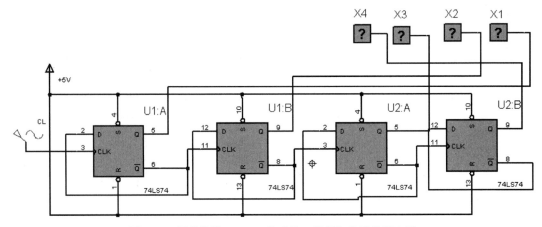

图 9-18　用触发器 74LS74 构成的二进制加法计数器电路

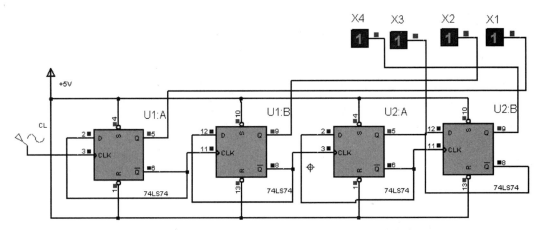

图 9-19　用触发器 74LS74 构成的二进制加法计数器电路仿真结果

9.4　小结

本章共有 3 个实例,分别为:

(1) 用 JK 触发器 74LS112 及 74LS00 构成的双相时钟脉冲电路;

(2) 用触发器 74LS112 构成的数值比较器电路;

(3) 用触发器 74LS74 构成的二进制加法计数器电路。

触发器是一种具有记忆功能的逻辑部件,其输出不仅与当前输入有关,还与电路原来所处的状态有关。触发器有两个稳定状态,分别表示二进制数码的"0"和"1"。触发器可以长期保存所记忆的信息,只有在一定外界触发信号的作用下,它们才能从一个稳定状态翻转到另一个稳定状态,即存入新的数码。由触发器和逻辑门组成的电路称为时序逻辑电路,与组合逻辑电路合称为数字电路的两大重要分支。

第10章

计数器及其应用

10.1 设计目的

(1) 掌握中规模集成计数器功能及其使用方法。

(2) 用 74LS161 设计十二进制计数器,要求用置零法和置数法两种方法实现。

(3) 用 74LS161 设计不同进制计数器。

(4) 用多片 74LS161 设计七十二进制计数器,要求用串行、并行两种进位方式实现。

(5) 用两片同步计数器 74LS160 组成一个百进制计数器。

(6) 验证用 74LS393 构成的 4 位二进制计数器功能。

10.2 设计原理

在数字系统中,按照结构和逻辑功能的不同,数字逻辑电路分为两大类,一类称作组合逻辑电路(Combinational Logic Circuit),另一类称作时序逻辑电路(Sequential Logic Circuit)。时序逻辑电路由触发器和门电路组成,因为电路中含有存储元件——触发器,因此,时序逻辑电路的输出不仅由当前输入决定,而且与电路原来所处的状态有关。属于时序逻辑电路的集成电路主要有两类,一类是计数器,另一类是寄存器。

1. 计数器概述

计数器(Counter)在数字系统中应用十分广泛,它不仅能统计脉冲个数,还可以用作分频、定时、产生节拍脉冲等。计数器按计数进制可分为二进制计数器和非二进制计数器,其中非二进制计数器中最典型的是十进制计数器和十六进制计数器;按数字增减趋势,分为加法计数器、减法计数器和可逆计数器;按计数器中触发器翻转是否与计数脉冲同步,分为同步计数器和异步计数器。TTL 系列和 CMOS 系列的集成电路计数器有多种,如74LS161、74LS191、CD4522、74LS160、74LS190、74LS390 等。74LS161 是 4 位二进制同步加法计数器,74LS191 是 4 位二进制同步可逆计数器,CD4522 是二进制异步减法计数器,74LS160 是 4 位十进制同步加法计数器,74LS190 是十进制同步可逆计数器,74LS390 是 4

位十进制加法计数器。以下介绍 74LS161 和 74LS390 两种计数器。

2. 74LS161 简介

1）74LS161 计数器

74LS161 是一种 4 位二进制同步加法计数器，图 10-1 是 74LS161 计数器引脚排列图。2 脚（CP 端）为计数脉冲输入端，11～14 脚（$Q_3 \sim Q_0$）为计数输出端。当输入计数脉冲时，输出端的数逐渐增大，把这种在计数脉冲作用下每次数值变化情况记录下来，称作状态转换图，74LS161 的状态转换图为：

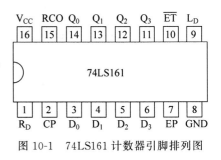

图 10-1　74LS161 计数器引脚排列图

$$0000 \rightarrow 0001 \rightarrow 0010 \rightarrow 0011 \rightarrow 0100 \rightarrow 0101 \rightarrow 0110 \rightarrow 0111$$

$$\uparrow \qquad\qquad\qquad\qquad\qquad\qquad\qquad\qquad\qquad\qquad \downarrow$$

$$1111 \leftarrow 1110 \leftarrow 1101 \leftarrow 1100 \leftarrow 1011 \leftarrow 1010 \leftarrow 1001 \leftarrow 1000$$

从上述状态转换图可以看出，每一计数脉冲使计数器输出加 1，加到最大值"1111"后，再从"0000"开始，如此重复。表 10-1 是 74LS161 计数器功能表。

表 10-1　74LS161 计数器功能表

清　零	预　置	使　　能		时　钟	预置数据输入				输　　出				工作模式
R_D	L_D	EP	ET	CP	D_3	D_2	D_1	D_0	Q_3	Q_2	Q_1	Q_0	
0	×	×	×	×	×	×	×	×	0	0	0	0	异步清零
1	0	×	×	↑	d_3	d_2	d_1	d_0	d_3	d_2	d_1	d_0	同步置数
1	1	0	×	×					保持				数据保持
1	1	×	0	×					保持				数据保持
1	1	1	1	↑	×	×	×	×	计数				加法计数

由表 10-1 可以看出，74LS161 具有以下功能：

（1）异步清零。当 $R_D = 0$ 时，不管其他输入端的状态如何，不论有无时钟脉冲（CP），计数器输出将被直接清零（$Q_3 Q_2 Q_1 Q_0 = 0000$），称为异步清零。

（2）同步并行预置数。当 $R_D = 1$，$L_D = 0$ 时，在输入时钟脉冲（CP）上升沿的作用下，并行输入端的数据 $d_3 d_2 d_1 d_0$ 被置入计数器的输出端，即 $Q_3 Q_2 Q_1 Q_0 = d_3 d_2 d_1 d_0$。由于这个操作要与 CP 上升沿同步，所以称为同步预置数。

（3）计数。当 $R_D = L_D = EP = ET = 1$ 时，在 CP 端输入计数脉冲，计数器进行二进制加法计数。

（4）保持。当 $R_D = L_D = 1$，且 EP、ET 两个使能端中有"0"时，计数器保持原来状态不变。这时，如果 EP = 0，ET = 1，则进位输出信号（RCO）保持不变。如果 ET = 0，则不管 EP 状态如何，进位输出信号（RCO）为低电平"0"。

2）计数器的级联应用

当所要求的进制已超过 16 时，可通过几个 74LS161 级联来实现。在满足计数条件的情况下，有如下的进位方式：

（1）并行进位方式。CP 是两片公用的，只是把第一级的进位输出 RCO 接到下一级的

ET和EP端即可,当1片没记满16个数时,RCO=0,则计数器2不能工作,当第一级记满时,RCO=1,最后一个CP使计数器1清零,同时计数器2计一个数,这种接法速度不快,不论多少级相联,CP的脉宽只要大于每一级计数器延迟时间即可。并行进位方式的框图如图10-2所示。

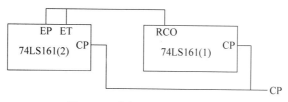

图 10-2 并行进位方式的框图

(2)串行进位方式。把第一级的进位输出RCO接到下一级的CP端,当1片没记满16个数时,RCO=0,则计数器2因没有计数脉冲而不能工作。当第一级记满时,RCO=1,出现由0到1的上升沿,此上升沿控制计数器2工作,开始计一个数。这种接法速度慢,若多级相联,其总的计数延迟时间为各个计数器延迟时间之和。串行进位方式的框图如图10-3所示。

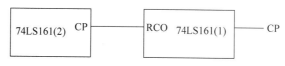

图 10-3 串行进位方式的框图

3)实现任意进制计数器

由于74LS161的计数容量为16,计及16个脉冲,发生一次进位,所以可以用它构成十六进制以内的各进制计数器,实现的方法有两种:置零法(复位法)和置数法(置位法)。

(1)用复位法获得任意进制计数器。假定已有 N 进制计数器,而要得到一个 M 进制计数器时,只要 $M<N$,用复位法使计数器计数到 M 时置"0",即获得 M 进制计数器。

(2)利用预置功能获得 M 进制计数器。置位法和置零法不同,它是通过给计数器重复置入某个数值,从而获得到 M 进制计数器的。置数操作在电路的任何一个状态下进行。这种方法适用于有预置功能的计数器电路。

4)74LS161与74LS160的异同

74LS160与74LS161的引脚排列相同,74LS161的有效循环状态为0000~1111,状态为1111时,进位信号RCO=1;74LS160的有效循环状态为0000~1001,状态为1001时,进位信号RCO=1。简单地说,74LS161是十六进制计数器,74LS160是十进制计数器。

3. 74LS393 简介

74LS393是一种带清零功能的双4位二进制计数器,异步清零端MR为高电平时,不管时钟CLK输入端状态如何,即可完成清除功能。当MR为低电平时,在时钟CLK脉冲下降沿的作用下进行计数操作,其真值表如表10-2所示。74LS393的引脚图如图10-4所示。74LS393有两组4位输出端,分别为1QA、1QB、1QC、1QD、2QA、2QB、2QC、2QD;两个时钟输入端,即时钟 $\overline{1A}$ 和时钟 $\overline{2A}$;两个清除端,即1CLR和2CLR。

表 10-2　74LS393 的真值表

计　　数	输　　出			
	Q_3	Q_2	Q_1	Q_0
0	0	0	0	0
1	0	0	0	1
2	0	0	1	0
3	0	0	1	1
4	0	1	0	0
5	0	1	0	1
6	0	1	1	0
7	0	1	1	1
8	1	0	0	0
9	1	0	0	1
10	1	0	1	0
11	1	0	1	1
12	1	1	0	0
13	1	1	0	1
14	1	1	1	0
15	1	1·	1	1

4. 在 Proteus 软件中，74LS161、74LS160 和 74LS393 的引脚名称

在 Proteus 中所用的芯片引脚名称并不是标准的名称。74LS161、74LS160 和 74LS393 在 Proteus 中的引脚名称如图 10-5 所示。74LS161、74LS160 的 D0、D1、D2、D3 以及 Q0、Q1、Q2、Q3、RCO 与图 10-1 一致，Proteus 软件中的 ENP、ENT、CLK、LOAD、MR 依次与图 10-1 中的 EP、ET、CP、L_D、R_D 对应。而 Proteus 软件中的 74LS393 只是图 10-4 中的一半，Proteus 软件中的 74LS393 的名称 MR 相当于图 10-4 中的 1CLR 或 2CLR，CLK 相当于图 10-4 中的 $\overline{1A}$ 或 $\overline{2A}$，Q0、Q1、Q2、Q3 相当于图 10-4 中的 1QA、1QB、1QC、1QD 或 2QA、2QB、2QC、2QD。

图 10-4　74LS393 的引脚图

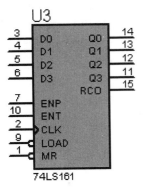

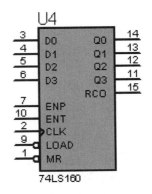

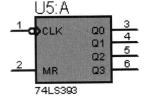

图 10-5　74LS161、74LS160 和 74LS393 的引脚名称

10.3 用 Proteus 软件仿真

【实例10.1】 用计数器74LS161组成的十二进制计数器电路(置数法)如图10-6所示。电路中除74LS161外,还有四与非门74LS20和六非门芯片74LS04。计数脉冲信号由74LS161的CLK端输入,通过"逻辑探针"调试元件 QD、QC、QB、QA、RCO 观察计数值。74LS161的$\overline{RD}$(第1脚)为异步置零端,$\overline{LD}$(第9脚)为预置数控制端。在本电路之中,$\overline{RD}$脚接+5V,表示不异步置零;$\overline{LD}$脚接四与非门74LS20的输出(预置数控制端),要受预置数控制端控制。

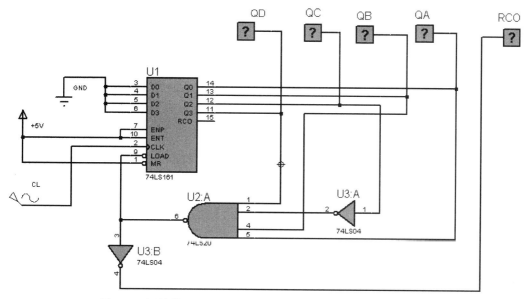

图10-6 用计数器74LS161组成的十二进制计数器电路(置数法)

从 CL 端输入幅度+3V、频率1Hz的正弦波信号,利用 Proteus 交互仿真功能,可以显示电路的计数过程,从仿真开始,计数值0001、0010、0011、0100、…,逐渐增加,一直增加到1011,此时 RCO 也显示"1",图10-7所示显示的就是这个最大值。在下一秒,就显示全"0"了,即"0000",RCO 也显示"0"。之后,再开始下一轮计数过程。因为显示的最大数是"1011(0BH)",用十进制表示就是"11",所以以上计数器是十二进制计数器。注意:所显示的最大值加1是几,就是几进制。比如,所显示的最大值是9,9+1=10,那么就是十进制。

【实例10.2】 用计数器74LS161组成的十二进制计数器电路(置零法)如图10-8所示。除74LS161外,还有四与非门74LS20和非门芯片74LS04。计数脉冲信号由74LS161的 CLK 端输入,通过"逻辑探针"调试元件 QD、QC、QB、QA、RCO 观察计数值。74LS161的$\overline{RD}$(第1脚)为异步置零端,$\overline{LD}$(第9脚)为预置数控制端。在本电路之中,$\overline{LD}$脚接+5V,表示不受预置数控制端控制;$\overline{RD}$脚接四与非门74LS20的输出,要受异步置零端控制。

从 CL 端输入幅度+3V、频率1Hz的正弦波信号,利用 Proteus 交互仿真功能,可以显示电路的计数过程,从仿真开始,计数值0001、0010、0011、0100、…,逐渐增加,一直增加到

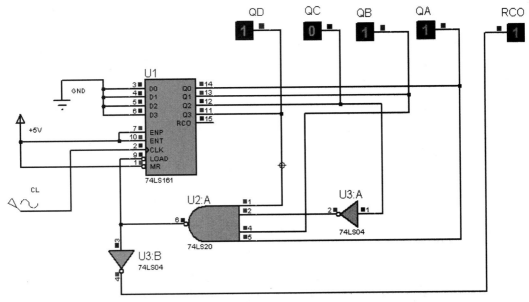

图 10-7　用计数器 74LS161 组成的十二进制计数器电路（置数法）仿真结果

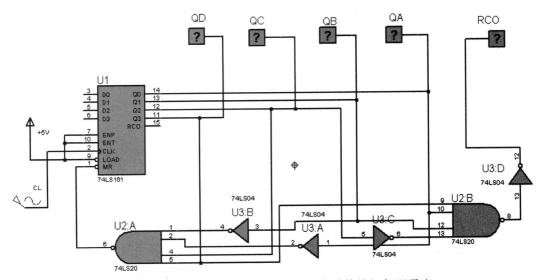

图 10-8　用计数器 74LS161 组成的十二进制计数器电路（置零法）

1011，此时 RCO 也显示"1"，图 10-9 显示的就是这个最大值。在下一秒，就显示全 0 了，即"0000"，RCO 也显示"0"。之后，再开始下一轮计数过程。因为显示的最大数是"1011（0BH）"，用十进制表示就是"11"，所以以上计数器也是十二进制计数器。

【实例 10.3】　用 74LS161 组成的可控计数器电路如图 10-10 所示。除 74LS161 外，还有两输入端与非门芯片 74LS00。计数脉冲信号由 74LS161 的 CLK 端输入，通过"逻辑探针"调试元件 X4、X3、X2、X1、X5 观察计数值。74LS161 的 $\overline{RD}$ 或 MR（第 1 脚）为异步置零端，$\overline{LD}$ 或 LOAD（第 9 脚）为预置数控制端。在本电路之中，MR 脚接+5V，表示不异步置零；LOAD 脚接与非门 74LS00 的输出（预置数控制端），要受预置数控制端控制。M 为实现以不同进制计数的控制开关，M＝1 时为六进制计数器；M＝0 时为三进制计数器。

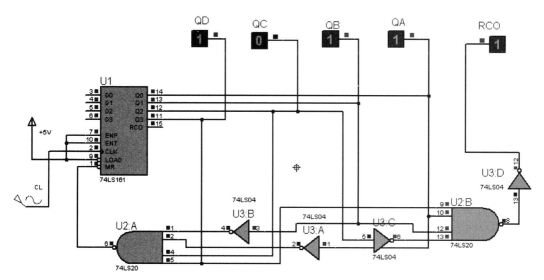

图 10-9 用计数器 74LS161 组成的十二进制计数器电路(置零法)仿真结果

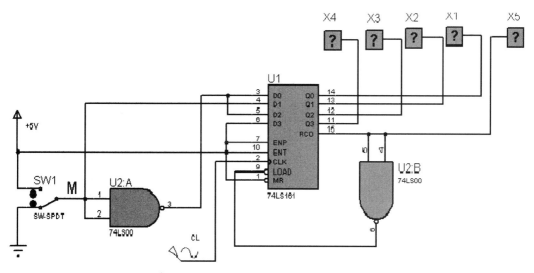

图 10-10 用 74LS161 组成的可控计数器电路

先把开关扳到 M=1 的位置。从 CL 端输入幅度为+3V、频率为 1Hz 的正弦波信号,利用 Proteus 交互仿真功能,可以显示电路的计数过程,从仿真开始,计数值 0001、0010、0011、0100、…,逐渐增加,一直增加到 1111,此时 X5 也显示"1";接着,出现 1010,X5 也显示"0",如图 10-11 所示。接下来,就在 1010 基础上计数,一直增加到 1111,又出现 1010,进行下一轮循环。从"1010"到"1111"就是六进制计数器。

再把开关扳到 M=0 的位置,重新仿真,计数值 0001、0010、0011、0100、…,逐渐增加,一直增加到 1111,此时 X5 也显示"1";接着,出现 1101,X5 也显示"0",如图 10-12 所示。接下来,就在 1101 基础上计数,一直增加到 1111,又出现 1101,进行下一轮循环。从"1101"到"1111"就是三进制计数器。

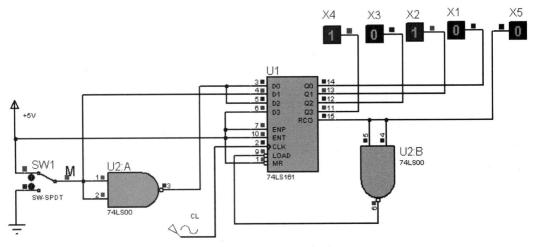

图 10-11　用 74LS161 组成的六进制计数器的初始输出 1

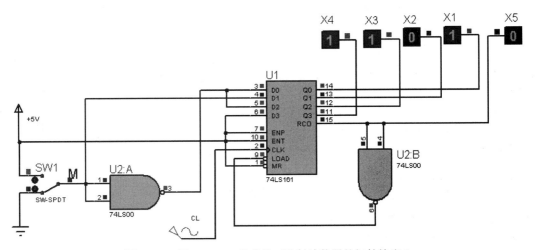

图 10-12　用 74LS161 组成的三进制计数器的初始输出 2

【实例 10.4】　用两片同步计数器 74LS161 组成的七十二进制计数器电路(并行进位方式)如图 10-13 所示。除 74LS161 外,还有四与非门 74LS20 和非门芯片 74LS04。计数脉冲信号由 U1 和 U2 的 CLK 端同时输入,通过"逻辑探针"调试元件 Q7、Q6、Q5、Q4、Q3、Q2、Q1、Q0、RCO 观察计数值。74LS161 的 $\overline{RD}$ 或 MR(第 1 脚)为异步置零端,$\overline{LD}$ 或 LOAD(第 9 脚)为预置数控制端。在本电路之中,U1 和 U2 的 MR 脚都接+5V,表示不异步置零;U1 和 U2 的 LOAD 脚都接四与非门 74LS20 的输出,要受预置数控制端控制。

从 CL 端输入幅度+3V、频率 1Hz 的正弦波信号,利用 Proteus 交互仿真功能,可以显示电路的计数过程,从仿真开始,计数值 00000001、00000010、00000011、00000100、…,逐渐增加,一直增加到 01000111,此时 RCO 也显示"1",图 10-14 显示的就是这个最大值。在下一秒,就显示全 0 了,即"00000000",RCO 也显示"0"。之后,再开始下一轮计数过程。因为显示的最大数是"01000111(047H)",用十进制表示就是"71",所以以上计数器是七十二进制计数器。

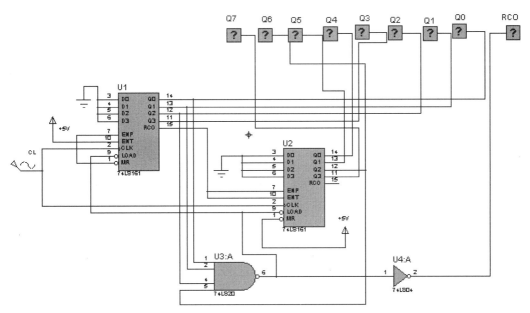

图 10-13　用两片同步计数器 74LS161 组成的七十二进制计数器电路(并行进位方式)

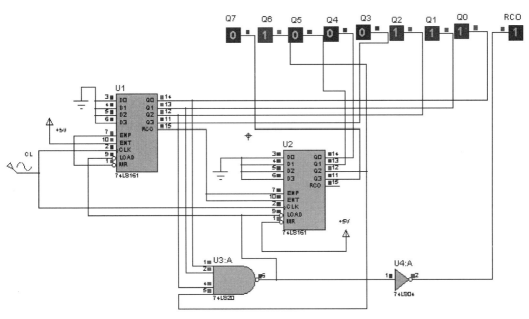

图 10-14　用两片同步计数器 74LS161 组成的七十二进制计数器电路(并行进位方式)的仿真输出

【实例 10.5】　用两片同步计数器 74LS161 组成的七十二进制计数器电路(串行进位方式)如图 10-15 所示。除 74LS161 外,还有四与非门 74LS20 和非门芯片 74LS04。计数脉冲信号由 U1 的 CLK 端输入,U1 的 RCO 端通过 74LS04 和 U2 的 CLK 端连接。通过"逻辑探针"调试元件 Q7、Q6、Q5、Q4、Q3、Q2、Q1、Q0、RCO 观察计数值。74LS161 的 $\overline{\text{RD}}$ 或 MR (第 1 脚)为异步置零端,$\overline{\text{LD}}$ 或 LOAD(第 9 脚)为预置数控制端。在本电路之中,U1 和 U2 的 MR 脚相连,并和 74LS20 的输出相连,表示异步置零受 74LS20 控制;U1 和 U2 的 LOAD 脚都接+5V,表示不受预置数控制端控制。

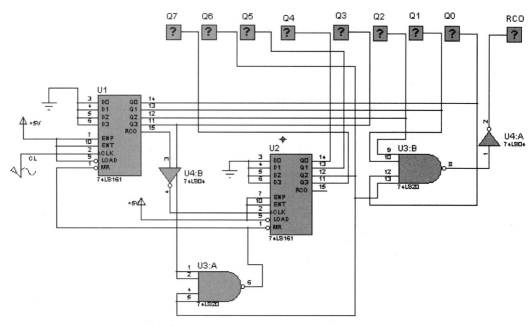

图 10-15　用两片同步计数器 74LS161 组成的七十二进制计数器电路(串行进位方式)

　　从 CL 端输入幅度＋4V、频率 1Hz 的正弦波信号,利用 Proteus 交互仿真功能,可以显示电路的计数过程,从仿真开始,计数值 00000001、00000010、00000011、00000100、…,逐渐增加,一直增加到 01000111,此时 RCO 也显示"1",图 10-16 显示的就是这个最大值。在下一秒,就显示全 0 了,即"00000000",RCO 也显示"0"。之后,再开始下一轮计数过程。因为显示的最大数是"01000111(047H)",用十进制表示就是"71",所以以上计数器也是七十二进制计数器。

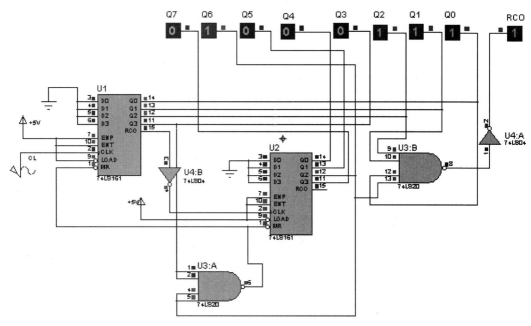

图 10-16　用两片同步计数器 74LS161 组成的七十二进制计数器(串行进位方式)的仿真输出

【**实例 10.6**】 用两片同步计数器 74LS160 组成的一个百进制计数器电路如图 10-17 所示。计数脉冲信号由 U1 和 U2 的 CLK 端同时输入,通过"逻辑探针"调试元件 Q7、Q6、Q5、Q4、Q3、Q2、Q1、Q0 观察计数值。74LS160 的 $\overline{RD}$ 或 MR(第 1 脚)为异步置零端,$\overline{LD}$ 或 LOAD(第 9 脚)为预置数控制端。在本电路之中,U1 和 U2 的 MR 脚和 LOAD 脚都不接;U1 的 ENP 和 ENT 接+5V;U2 的 ENP 和 ENT 接 U1 的 RCO。

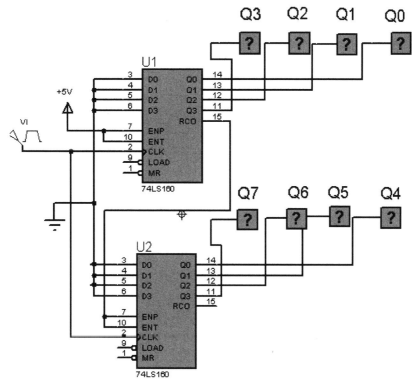

图 10-17 用两片同步计数器 74LS160 组成的一个百进制计数器电路

从 VI 端输入幅度+3V、频率 1Hz 的方波信号,利用 Proteus 交互仿真功能,可以显示电路的计数过程,从仿真开始,计数值 00000001,00000010,…,逐渐增加,增加到 00001001,再增加,一直增加到 10011001,图 10-18 显示的就是这个最大值。在下一秒,就显示全"0"了,即"00000000"。之后,再开始下一轮计数过程。因为显示的最大数是"10011001(99)",所以以上计数器是百进制计数器。

【**实例 10.7**】 用计数器 74LS393 构成的九进制计数器电路如图 10-19 所示。计数脉冲信号由 U2 的 CLK 端输入,通过"逻辑探针"调试元件 Q3、Q2、Q1、Q0 观察计数值。Q0 和 Q3 分别与 74LS08 的 1 脚、2 脚连接,74LS08 的输出 3 脚接 74LS393 的 MR 脚。

从 VI 端输入幅度+3V、频率 1Hz 的方波信号,利用 Proteus 交互仿真功能,可以显示电路的计数过程,从仿真开始,计数值 0001,0010,0011,…,逐渐增加,一直增加到 1000,图 10-20 显示的就是这个最大值。下一秒,就显示全"0",即 0000。之后,再开始下一轮计数过程。因为显示的最大数是"1000",换算成十进制就是"8",根据"所显示的最大值加 1 是几,就是几进制"的规则,可知以上计数器是九进制计数器。

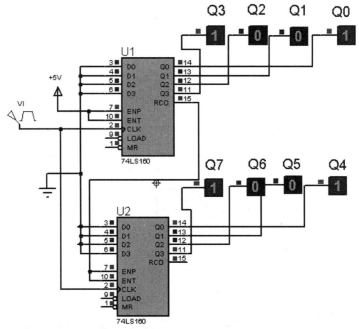

图 10-18　用两片同步计数器 74LS160 组成的一个百进制计数器的仿真输出

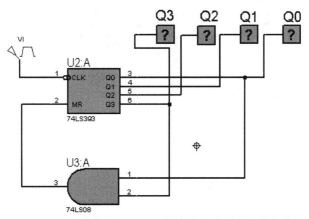

图 10-19　用计数器 74LS393 构成的九进制计数器电路

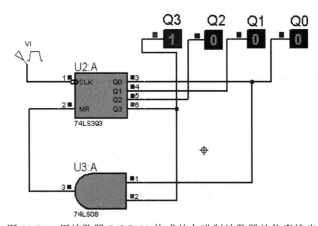

图 10-20　用计数器 74LS393 构成的九进制计数器的仿真输出

10.4　小结

本章共有 7 个实例,分别是:

(1) 用计数器 74LS161 组成的十二进制计数器电路(置数法);

(2) 用计数器 74LS161 组成的十二进制计数器电路(置零法);

(3) 用 74LS161 组成的可控计数器电路;

(4) 用两片同步计数器 74LS161 组成的七十二进制计数器电路(并行进位方式);

(5) 用两片同步计数器 74LS161 组成的七十二进制计数器电路(串行进位方式);

(6) 用两片同步计数器 74LS160 组成的一个百进制计数器电路;

(7) 用计数器 74LS393 构成的九进制计数器电路。

在数字系统中,按照结构和逻辑功能的不同,数字逻辑电路分为两类,一类称作组合逻辑电路,另一类称作时序逻辑电路。时序逻辑电路由触发器和门电路组成,因为电路中含有存储元件——触发器,因此,时序逻辑电路的输出不仅由当前输入决定,而且与电路原来所处的状态有关。属于时序逻辑电路的集成电路主要有两类,一类是计数器,另一类是寄存器。

第11章

集成移位寄存器及其应用

11.1 设计目的

(1) 熟悉移位寄存器的工作原理和使用方法。

(2) 掌握 4 位移位寄存器 74LS194 的功能及使用方法。

(3) 掌握串入/并出移位寄存器 74LS164 的功能及使用方法。

(4) 掌握并行或串行输入/串行输出移位寄存器 CD4014 的功能及使用方法。

(5) 由 74LS194 构成移位寄存型计数器电路。

(6) 由 74LS194 构成环形计数器电路。

(7) 由 74LS194 构成扭环形计数器电路。

(8) 设计串入/并出移位寄存器 74LS164 芯片功能测试电路。

(9) 设计并行或串行输入/串行输出移位寄存器 CD4014 芯片功能测试电路。

11.2 设计原理

1. 移位寄存器

寄存器(Register)中用的记忆部件是触发器,每个触发器只能存 1 位二进制码。能存一个字节信息的 8 位寄存器由 8 个触发器组成。移位寄存器(Shift Register)具有数码寄存和移位两种功能。在移位脉冲的作用下,数码向左移一位,称为左移,反之则称为右移。

根据移位寄存器数据移动的方向可分为左移、右移和双向移位 3 种,集成移位寄存器中移位方向的一般约定如图 11-1 所示。

所有移位寄存器都具有串入和串出端口,但是否兼有并入和并出端口却不一定。根据移位寄存器具有的并入、并出端口可将移位寄存器分为 4 种类型:串入/串出、串入/并出、并入/串出、并入/并出。移位寄存器的移位方式如表 11-1 所示。

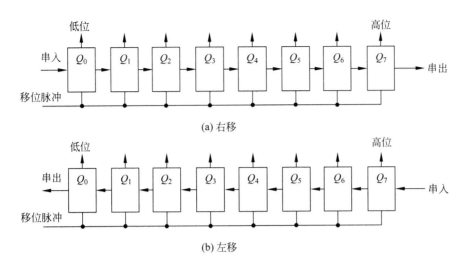

图 11-1 移位寄存器的方向

表 11-1 移位寄存器的移位方式

分 类	符 号	说 明
串入/串出	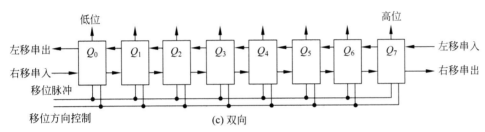	用于较大容量的数据存储器
串入/并出		具有串行输入、串行输出、并行输出。 可以将串行数据转换为并行数据
并入/串出		具有串行输入、串行输出、并行输入。 可以将并行数据转换为串行数据
并入/并出		具有串行输入、串行输出、并行输入、并行输出。 可以实现串行与并行数据的转换

TTL 74 系列和 CMOS 4000 系列的集成电路移位寄存器有多种,如 74LS175、74LS194、74LS299、74LS164、74LS165、CD4094、CD4014 和 74LS166 等。74LS175 是 4 位数码寄存器,74LS194 是 4 位移位寄存器,74LS299 是具有串行输入、串行输出、8 位并行输入、8 位并行输出的移位寄存器,74LS164 和 CD4094 均为 8 位串行输入、并行输出的同步移位寄存器,74LS165 和 74LS166 均为 8 位并行输入、串行输出的同步移位寄存器,CD4014 是并行或串行输入/串行输出移位寄存器。本章介绍集成电路寄存器 74LS194、74LS164、CD4014 的用法。

2. 4 位集成移位寄存器 74LS194

74LS194 是由 4 个触发器组成的 4 位集成移位寄存器,其引脚排列如图 11-2 所示。其中,D_{SL} 和 D_{SR} 分别是左移和右移串行输入端,R_D 是异步清零控制端,D_0、D_1、D_2、D_3 是并行数据输入端,CP 为时钟脉冲输入端,S_0 和 S_1 是工作模式选择输入端,Q_0、Q_1、Q_2、Q_3 是并行数据输出端,其中 Q_0 和 Q_3 又分别是左移和右移时的串行输出端。74LS194 寄存器功能表如表 11-2 所示。

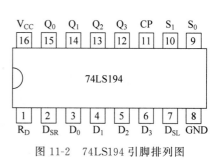

图 11-2　74LS194 引脚排列图

表 11-2　74LS194 寄存器功能表

清零	模式控制	串行输入	时钟	并行输入				并行输出				工作模式
R_D	S_1　S_0	D_{SL}　D_{SR}	CP	D_0	D_1	D_2	D_3	Q_0	Q_1	Q_2	Q_3	
0	×　×	×　×	×	×	×	×	×	0	0	0	0	异步清零
1	0　0	×　×	×	×	×	×	×	Q_0	Q_1	Q_2	Q_3	保持
1	0　1	×　1	↑	×	×	×	×	1	Q_0	Q_1	Q_2	右移,D_{SR} 为串行输入,Q_3 为串行输出
1	0　1	×　0	↑	×	×	×	×	0	Q_0	Q_1	Q_2	
1	1　0	1　×	↑	×	×	×	×	Q_1	Q_2	Q_3	1	左移,D_{SL} 为串行输入,Q_0 为串行输出
1	1　0	0　×	↑	×	×	×	×	Q_1	Q_2	Q_3	0	
1	1　1	×　×	↑	D_0	D_1	D_2	D_3	D_0	D_1	D_2	D_3	并行置数

由表 11-2 可以看出,74LS194 具有如下功能:

(1) 异步清零。当 $R_D=0$ 时,寄存器输出将被立即清零,与其他输入状态及 CP 无关。

(2) S_0、S_1 是控制输入端。当 $R_D=1$ 时,74LS194 有以下 4 种工作方式。

① 当 $S_1S_0=00$ 时,不论有无 CP 到来,各触发器状态不变,保持工作状态。

② 当 $S_1S_0=01$ 时,在 CP 上升沿的作用下,实现右移(上移)操作,流向是 SR→Q_0→Q_1→Q_2→Q_3。

③ 当 $S_1S_0=10$ 时,在 CP 上升沿的作用下,实现左移(下移)操作,流向是 SL→Q_3→Q_2→Q_1→Q_0。

④ 当 $S_1S_0=11$ 时,在 CP 上升沿的作用下,实现置数操作:$D_0 \to Q_0$,$D_1 \to Q_1$,$D_2 \to Q_2$,$D_3 \to Q_3$。

3. 串入/并出移位寄存器 74LS164

74LS164 为 8 位移位寄存器,它是一种具有串行输入/并行输出的 TTL 芯片,其引脚排列如图 11-3 所示。图中 A、B 为串行数据输入端,QA、QB、QC、QD、QE、QF、QG、QH 为并行数据输出端,CP 为移位脉冲端,上升沿触发,$\overline{\text{CL}}$ 为异步清零端,V_{CC} 为正电源,GND 为地。74LS164 的功能表如表 11-3 所示。

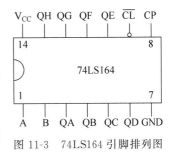

图 11-3　74LS164 引脚排列图

表 11-3　74LS164 的功能表

输　　　入				输　　　出							
$\overline{\text{CL}}$	CP	A	B	QA	QB	QC	QD	QE	QF	QG	QH
L	×	×	×	L	L	L	L	L	L	L	L
H	L	×	×	QA_0	QB_0	QC_0	QD_0	QE_0	QF_0	QG_0	QH_0
H	↑	H	H	H	QA_n	QB_n	QC_n	QD_n	QE_n	QF_n	QG_n
H	↑	L	×	L	QA_n	QB_n	QC_n	QD_n	QE_n	QF_n	QG_n
H	↑	×	L	L	QA_n	QB_n	QC_n	QD_n	QE_n	QF_n	QG_n

QA_0,…、QH_0 分别为 QA、…、QH 在稳定输入状态成立之前的电平。QA_n、…、QH_n 分别为在最近 CP 跳变之前对应的电平,表示移一位。

由表 11-3 可以看出,74LS164 具有如下功能:

(1) 当 $\overline{\text{CL}}=0$ 时,移位寄存器并行输出将被清零,QA、…、QH=0,与其他输入状态及 CLK 无关。

(2) 当 $\overline{\text{CL}}=1$,CP=0 时移位寄存器保持原有状态不变。

(3) 当 $\overline{\text{CL}}=1$,CP 的脉冲上升沿(0~1)到来时,QA=A & B,QA~QH 逐次向右移一位。

4. 8 位并行或串行输入/串行输出移位寄存器 CD4014

CD4014 是 8 位并行或串行输入/串行输出寄存器,具有公共时钟 CP 及方式控制输入端 M、一个串行数据输入端 D_s、8 个并行数据输入端(D0~D7),有三个输出端($Q_5 \sim Q_7$)。串入和串出的数据都要与时钟上升沿同步,才能进入寄存器中。寄存器单元是带预置端的 D 型主从触发器。

CD4014 提供了 16 引线多层陶瓷双列直插(D)等 4 种封装形式。其引脚排列如图 11-4 所示,表 11-4 为 CD4014 的功能表。

引出端符号:

CP:时钟输入端;

D0~D7:并行数据输入端;

D_s:串行数据输入端;

M：方式控制端；

Q5～Q7：第 5～7 数据输出端；

V_{DD}：正电源；

V_{SS}：地。

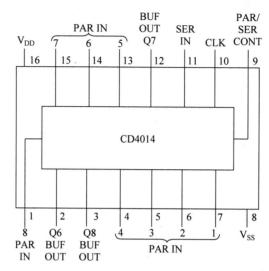

图 11-4　CD4014 引脚排列图

表 11-4　CD4014 的功能表

输　　入					输　　出	
CLK	P/S	D_s	P_1	P_n	Q_1	Q_n
↑	H	×	L	L	L	L
↑	H	×	H	L	H	L
↑	H	×	L	H	L	H
↑	H	×	H	H	H	H
↑	L	L	×	×	L	Q_n-1
↑	L	H	×	×	H	Q_n-1
↓	×	×	×	×	×	保持

由表 11-4 可以看出，CD4014 具有如下功能：

（1）并行输入。当 P/$\overline{S}$＝1 时，D0～D7 口的数输入寄存器中，寄存器中的第 5～7 三位由 Q5～Q7 输出。

（2）串行输入。当 P/$\overline{S}$＝0 时，串行输入数 D_s 将在时钟 CLK 的作用下，逐位输入移位寄存器。寄存器中的第 5～7 三位由 Q5～Q7 输出。

11.3　用 Proteus 软件仿真

【实例 11.1】　由 74LS194 构成的移位寄存型计数器电路如图 11-5 所示。计数脉冲信号由 74LS194 的 CLK 端输入，通过"逻辑探针"调试元件 QD、QC、QB、QA 观察计数值。74LS194 的 S1 接地，S0 接＋5V，SR 接异或门 U3：A 的输出端 3 脚；74LS194 的 MR 脚接开关 SW1，开关另一端接+5V 或地。

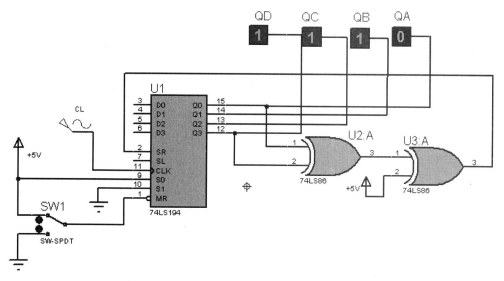

图 11-5　由 74LS194 构成的移位寄存型计数器电路

从 CL 端输入幅度为+3V、频率为 1Hz 的正弦波信号，利用 Proteus 交互仿真功能，可以显示电路的计数过程，从仿真开始，把开关拨到+5V 的位置，计数值将以如下的规律变化，计数值 0001，0010，0101，1010，0100，1001，0011，0110，1101，1011，0111，1110，1100，1000，0000，…，到 0000 后再开始下一轮计数过程。图 11-6 所示是数值变化过程中的一幅画面。

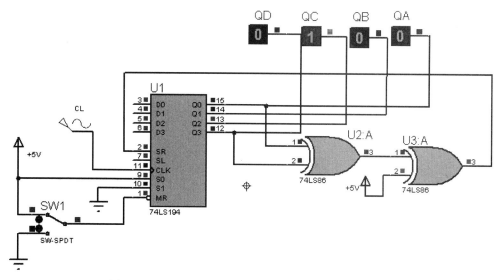

图 11-6　由 74LS194 构成的移位寄存型计数器仿真结果

【实例 11.2】　由 74LS194 构成的环形计数器电路如图 11-7 所示。计数脉冲信号由 74LS194 的 CLK 端输入，通过"逻辑探针"调试元件 QD、QC、QB、QA 观察计数值。74LS194 的 S1 接地，S0 接+5V，SR 接或非门 U2：C 的输出端 10 脚；74LS194 的 MR 脚接开关 SW1,开关另一端接+5V 或地。

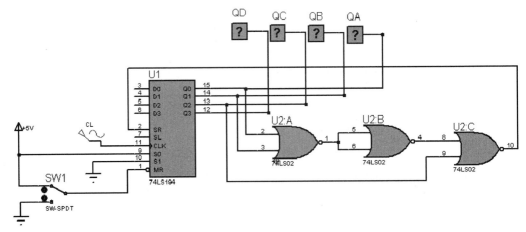

图 11-7   由 74LS194 构成的环形计数器电路

从 CL 端输入幅度+3V、频率 1Hz 的正弦波信号,利用 Proteus 交互仿真功能,可以显示电路的计数过程,从仿真开始,把开关拨到+5V 的位置,计数值将以如下的规律变化:0001,0010,0100,1000,0001,…,周而复始,不断变化,如图 11-8 所示。图中的"1"从末位开始,逐渐往左移动,一直移到最高位,然后再从头开始下一轮计数过程。

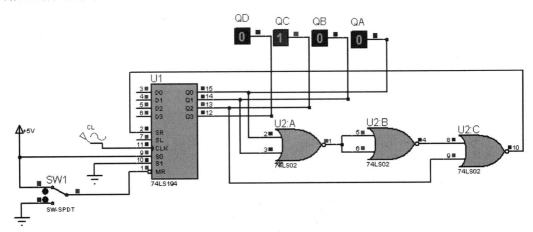

图 11-8   由 74LS194 构成的环形计数器仿真结果

【实例 11.3】   由 74LS194 构成的扭环形计数器电路如图 11-9 所示。计数脉冲信号由 74LS194 的 CLK 端输入,通过"逻辑探针"调试元件 QD、QC、QB、QA 观察计数值。74LS194 的 S1 接地,S0 接+5V,SR 接与非门 U2:C 的输出端 8 脚;74LS194 的 MR 脚接开关 SW1,开关另一端接+5V 或地。

从 CL 端输入幅度+3V、频率 1Hz 的正弦波信号,用 Proteus 交互仿真功能,可以显示电路的计数过程,从仿真开始,把开关拨到+5V 的位置,计数值将以如下的规律变化:0001,0011,0111,1111,1110,1100,1000,0000,0001,…,周而复始,不断变化,如图 11-10 所示。图中的"1"从末位开始,逐渐把 4 位填满,然后,"0"从末位出现,逐渐把 4 位清零,再从头开始下一轮计数过程。

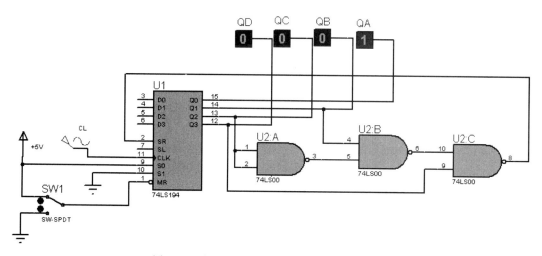

图 11-9　由 74LS194 构成的扭环形计数器电路

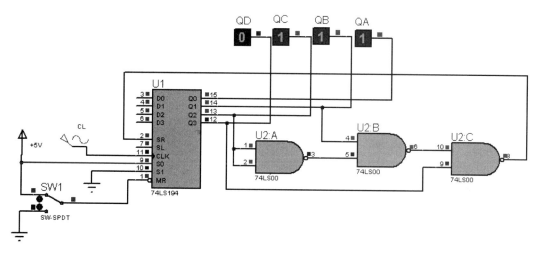

图 11-10　由 74LS194 构成的扭环形计数器仿真结果

【实例 11.4】　74LS164 芯片功能测试电路如图 11-11 所示。此图用的是 74LS164 芯片的图形符号,1 脚和 2 脚就是引脚排列图(图 11-3)中的 A、B;8 脚就是引脚排列图中的时钟信号 CP;9 脚就是引脚排列图中的 $\overline{\text{CL}}$;3、4、5、6、10、11、12、13 脚就是引脚排列图中的 QA、QB、QC、QD、QE、QF、QG、QH 并行数据输出端。

74LS164 的 1 脚和 2 脚连到一起,接"逻辑状态"调试元件,8 脚和 9 脚也接"逻辑状态"调试元件;74LS164 的 3、4、5、6、10、11、12、13 脚通过限流电阻接发光二极管。发光二极管的负端接电阻,正端接正电源。这样,当输出端为低电位时,发光二极管亮;当输出端为高电位时,发光二极管不亮。

(1) 向 74LS164 的清零端 9 脚输入"0",单击 Proteus 图屏幕左下角的运行键,系统开始运行,出现如图 11-12 所示的 74LS164 芯片功能测试结果图 1。此时,与 3、4、5、6、10、11、12、13 脚连接的 8 个发光二极管都亮了。表明当 $\overline{\text{CL}}=0$ 时,不管其他输入端的状态如何,寄存器输出将被清零(QA、QB、QC、QD、QE、QF、QG、QH=00000000)。

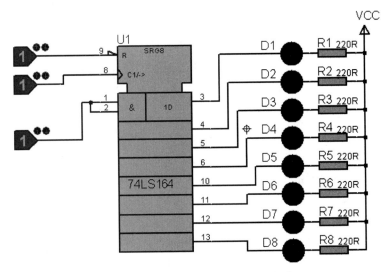

图 11-11　74LS164 芯片功能测试电路

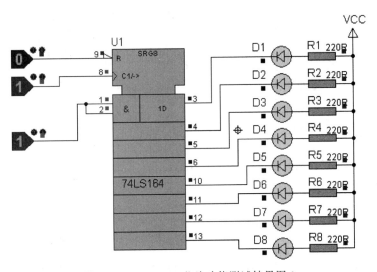

图 11-12　74LS164 芯片功能测试结果图 1

　　(2) 在图 11-12 的基础上,向 74LS164 的清零端 9 脚输入"1",让时钟输入端 8 脚电平由低到高,相当于给它一个脉冲上升沿,这样操作 4 次以后,将出现如图 11-13 所示的 74LS164 芯片功能测试结果图 2。此时,与 3、4、5、6、10、11、12、13 脚连接的 8 个发光二极管中,上面的 4 个熄灭了,下面的 4 个发光二极管仍然亮着。表明当 $\overline{CL}=1$,CP 时钟脉冲的上升沿(0 到 1)到来时,QA 的电平与 A、B 端输入的"1"相同,QA～QH 逐次向右移一位。

　　(3) 在图 11-13 的基础上,向 74LS164 的 1 和 2 脚输入"0",让时钟输入端 8 脚电平由低到高,相当于给它一个脉冲上升沿,这样操作 2 次以后,将出现如图 11-14 所示的 74LS164 芯片功能测试结果图 3。此时,与 3、4、5、6、10、11、12、13 脚连接的 8 个发光二极管中,最上面和最下面的 2 个熄灭了,中间的 4 个发光二极管仍然亮着。表明当 $\overline{CL}=1$,CP 时钟脉冲的上升沿(0～1)到来时,QA 的电平与 A、B 端输入端的"0"相同,QA～QH 逐次向右移一位。在上述操作中也可看到,时钟输入端 8 脚电平维持不变时,输出保持原状态。

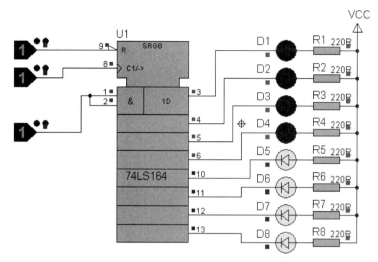

图 11-13　74LS164 芯片功能测试结果图 2

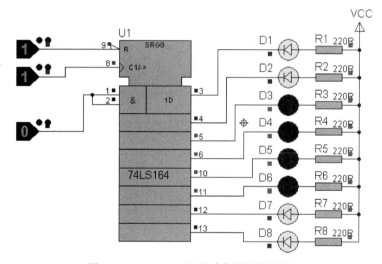

图 11-14　74LS164 芯片功能测试结果图 3

根据对 74LS164 芯片功能测试,确定 74LS164 具有以下功能:

(1) 当 $\overline{CL}=0$ 时,移位寄存器并行输出将被清零,QA、…、QH=0,与其他输入状态及 CLK 无关。

(2) 当 $\overline{CL}=1$,CP=0 时移位寄存器保持原有状态不变。

(3) 当 $\overline{CL}=1$,CP 的脉冲上升沿(0～1)到来时,QA=A&B,QA～QH 逐次向右移一位。

(4) 74LS164 在各类(如 51 系列)单片机应用中用移位寄存器通过串行口和单片机连接,可以实现数据串并转换。

【实例 11.5】　8 位并行或串行输入/串行输出移位寄存器 CD4014 测试电路如图 11-15 所示。时钟信号由 CD4014 的 CLK 端输入,方式控制输入端 P/$\overline{S}$ 接开关 SW1,此开关可以在＋5V 和地之间转换。D7～D0 接"逻辑状态"调试元件,SIN(即 D_s)也接"逻辑状态"调试元件；Q5、Q6、Q7 接"逻辑探针"调试元件。

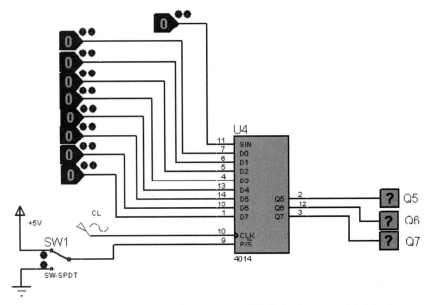

图 11-15　8 位并行或串行输入/串行输出移位寄存器 CD4014 测试电路

（1）从 CL 端输入幅度为 +4V、频率为 1Hz 的正弦波信号，把接 P/S̄ 的开关 SW1 扳到 +5V 一侧，D7～D0 输入"10100000"，开始 Proteus 交互仿真，可以得到如图 11-16 所示的 8 位并行或串行输入/串行输出移位寄存器 CD4014 测试结果图 1。此时，Q5、Q6、Q7 显示 "101"。这表明，在并行输入方式下，D0～D7 输入的数已到移位寄存器，其中 Q5、Q6、Q7 显示的就是寄存器的高 3 位数。

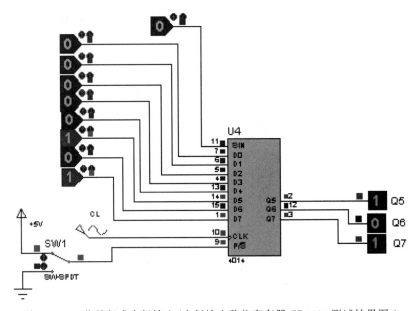

图 11-16　8 位并行或串行输入/串行输出移位寄存器 CD4014 测试结果图 1

（2）从 CL 端输入幅度为＋4V、频率为 1Hz 的正弦波信号不变，把接 P/S̄ 的开关 SW1 扳到接地一侧，向 SIN 输入高电平"1"，开始 Proteus 交互仿真，可以得到如图 11-17 所示的 8 位并行或串行输入/串行输出移位寄存器 CD4014 测试结果图 2。此时，Q5、Q6、Q7 显示 "111"。这表明，在串行输入方式下，在外部正弦波信号上升沿的作用下，串行输入数 SIN 已充满 8 位移位寄存器，其中 Q5、Q6、Q7 显示的就是寄存器的高 3 位数。

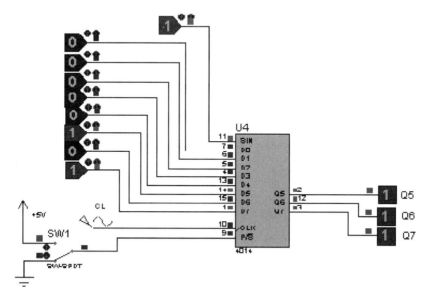

图 11-17　8 位并行或串行输入/串行输出移位寄存器 CD4014 测试结果图 2

11.4　小结

本章共有 5 个实例，分别为：
（1）由 74LS194 构成的移位寄存型计数器电路；
（2）由 74LS194 构成的环形计数器电路；
（3）由 74LS194 构成的扭环形计数器电路；
（4）74LS164 芯片功能测试电路；
（5）8 位并行或串行输入/串行输出移位寄存器 CD4014 测试电路。

寄存器中用的记忆部件是触发器，每个触发器只能存 1 位二进制码。能存一个字节信息的 8 位寄存器由 8 个触发器组成。移位寄存器具有数码寄存和移位两种功能。在移位脉冲的作用下，数码向左移一位，称为左移，反之则称为右移。移位寄存器根据数据移动的方向可分为左移、右移和双向移位 3 种情形。

第12章

脉冲分配器及其应用

12.1 设计目的

(1) 掌握集成时序脉冲分配器的工作原理及使用方法。

(2) 搭建集成时序脉冲分配器 CC4017 逻辑功能测试电路。

(3) 用集成时序脉冲分配器 CC4017 构成 60 分频电路。

(4) 由 3 个 JK 触发器 74LS112 构成三相六拍环形分配器电路。

12.2 设计原理

1. 脉冲分配器

脉冲分配器(Pulse Divider)的作用是产生多路顺序脉冲。图 12.1 中 CP 端上的系列脉冲经 N 位二进制计数器和相应的译码器,可以转变为 2^N 路顺序输出脉冲。

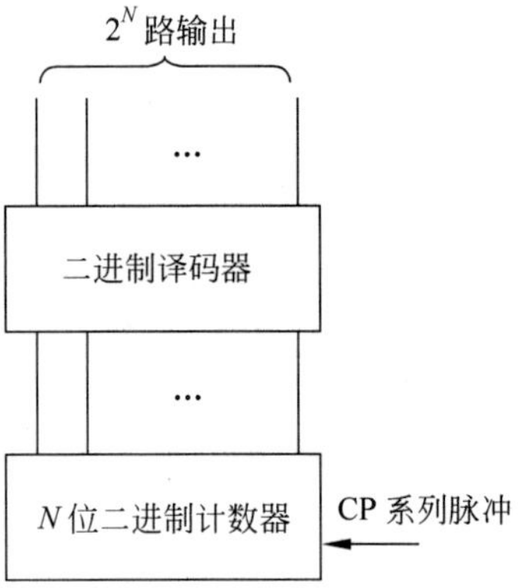

2. 集成时序脉冲分配器 CC4017

CC4017 是一种十进制计数器/脉冲分配器。CC4017 具有 10 个译码输出端,CP、CR、INH 都是输入端。INH 为低电平时,计数器在时钟上升沿计数;反之,计数功能无效。CR 为高电平时,计数器清零。

时钟输入端的施密特触发器具有脉冲整形功能,对输入时钟脉冲上升和下降时间无限制。译码输出一般为低电平,只有在对应时钟周期内保持高电平。在每 10 个时钟输入周期 CO 信号完成一次进位,并用作多级计数链的下级脉动时钟。表 12-1 为 CC4017 的真值表。

CC4017 提供了 16 引线多层陶瓷双列直插(D)、熔封陶瓷双列直插(J)、塑料双列直插(P)和陶瓷片状载体(C)4 种封装形式。图 12-2 是 CC4017 的引脚排列图,图 12-3 是 CC4017 的波形图。

图 12-1　脉冲分配器的组成

CC4017 的引出端功能符号：

CO：进位脉冲输出；

CP：时钟输入端；

CR：清除端；

INH：禁止端；

$Y_0 \sim Y_9$：计数脉冲输出端；

V_{DD}：正电源；

V_{SS}：地。

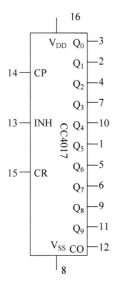

图 12-2　CC4017 引脚排列图

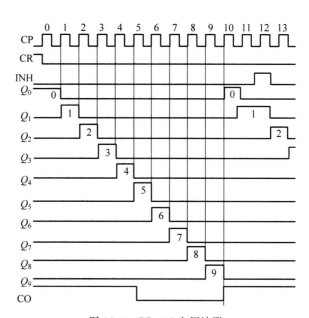

图 12-3　CC4017 电压波形

表 12-1　CC4017 的真值表

输　入			输　出	
CP	INH	CR	$Q_0 \sim Q_9$	CO
×	×	1	$Q_0 = 1$(复位)	计数脉冲为 $Q_0 \sim Q_4$ 时： CO=1 计数脉冲为 $Q_5 \sim Q_9$ 时： CO=0
↑	0	0	计数	
1	↓	0	计数	
×	1	0	保持原来状态,禁止计数	
0	×	0	保持原来状态	
↓	×	0	保持原来状态	
×	↑	0	保持原来状态	

其中,CP 为时钟脉冲输入端；INH 为禁止端；CR 为清除端；CO 为进位脉冲输出端；1 为高电平,0 为低电平。

3. 集成时序脉冲分配器 CC4017 的应用

CC4017 可用于十进制计数、分频、$1/N$ 计数($N=2 \sim 10$,只需一片)。

1) 60 分频电路

用 CC4017 可以构成各种分频电路。图 12-4 为由两片 CC4017 组成的 60 分频电路。

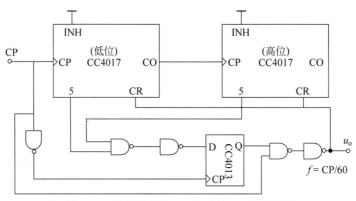

图 12-4　由两片 CC4017 组成的 60 分频电路

2) 步进电动机的环形脉冲分配器

如图 12-5 所示为某一个三相步进电动机的驱动电路示意图。A、B、C 分别表示步进电动机的三相绕组。步进电动机按三相六拍方式运行，即要求步进电动机正转时，控制端 $X=1$，使电动机的三相绕组的通电顺序为 A→AB→B→BC→C→CA。

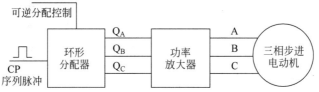

图 12-5　某三相步进电动机的驱动电路示意图

要求步进电动机反转时，令控制端 $X=0$，三相绕组的通电顺序改为 A→AC→C→BC→B→AB。

如图 12-6 所示为由 3 个 JK 触发器构成的按六拍通电方式的脉冲环形分配器。要求步进电动机反转，通常应加有正转脉冲输入控制和反转脉冲输入控制端。此外，由于三相步进电动机的三相绕组任何时候都不得出现 A、B、C 三相同时通电或同时断电的情况，因此，脉冲分配器的三路输出不允许出现"111"和"000"两种状态。为此，可以给电路增加初态预置环节。

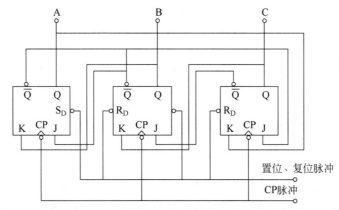

图 12-6　由 3 个 JK 触发器构成的按六拍通电方式的脉冲环形分配器

12.3　用 Proteus 软件仿真

【实例 12.1】　时序脉冲分配器 CC4017 逻辑功能测试电路如图 12-7 所示。已知,电路中 CC4017 的 E 和 MR 分别接开关 SW1 和 SW2,CLK 接外部脉冲信号 CL。请注意,引脚排列图(图 12-2)中 13 脚 CHN,在 Proteus 图中为 E；引脚排列图(图 12-2)中 15 脚 CR,在 Proteus 图中为 MR。Q0～Q9 依次接发光二极管 VD1～VD10。

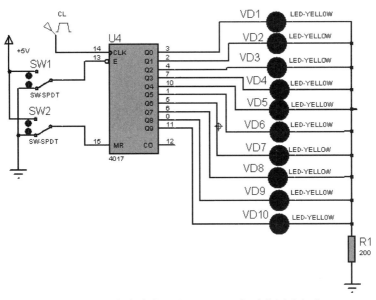

图 12-7　时序脉冲分配器 CC4017 逻辑功能测试电路

将开关 SW1 和 SW2 都拨到接地端,在 CL 处输入频率为 10 Hz、幅度是 4V 的近似方波信号,利用 Proteus 交互仿真功能,可以测出电路的输出,如图 12-8 所示。图中 10 个发光二

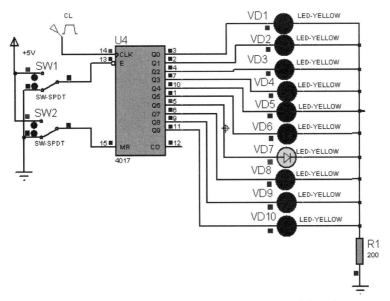

图 12-8　时序脉冲分配器 CC4017 逻辑功能测试电路输出波形

极管从 VD1~VD10 依次逐一点亮,形成一个流水灯。这表明 Q0~Q9 波形接近图 12-3 中 CC4017 的电压波形。要改变流水灯的速度,可以调节 CL 端的输入频率,频率越高,流水越快。

【实例 12.2】 由两片 CC4017 组成的 60 分频电路如图 12-9 所示。已知,电路中除两片 CC4017 外,还有 74LS74 以及若干片 74LS00。在 CL 处输入近似方波信号,在 U5:A 的输出 3 脚处接虚拟示波器输出信号。

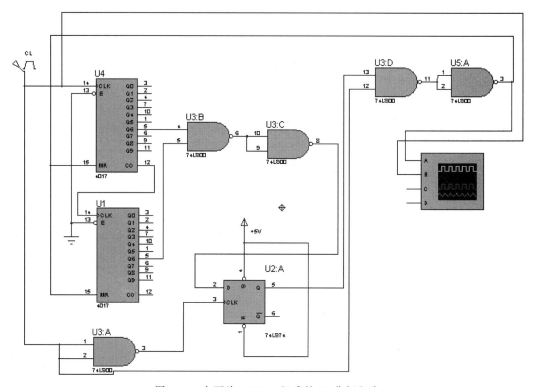

图 12-9 由两片 CC4017 组成的 60 分频电路

在 CL 处输入频率为 1kHz、幅度是 +3V 的近似方波信号,利用 Proteus 交互仿真功能,可以测出电路的输出波形,如图 12-10 所示。图中 B 通道为输入的正脉冲波形,A 通道为 60 分频后的输出正脉冲波形。

【实例 12.3】 由 3 个 JK 触发器 74LS112 构成的三相六拍环形分配器电路如图 12-11 所示。已知,正弦波信号 CL 同时输入 U1:A、U1:B 和 U2:A 的 CLK 端,U1:A 的 4 脚、U1:B 的 14 脚和 U2:A 的 15 脚相连后接开关 SW1,此开关可以在 +5V 和地之间切换。U1:A、U1:B 和 U2:A 的 Q 端依次和"逻辑探针调试元件"A、B、C 相连(A、B、C 相当于步进电动机的三相绕组)。

先使开关 SW1 接地,仿真开始后,再使 SW1 接 +5V,这相当于控制端为"1",设定步进电机正转。在 CL 处输入频率为 1Hz、幅度是 +4V 的正弦波信号,利用 Proteus 交互仿真功能,可以测出电路的输出状况,如图 12-12 所示。可以看到电动机三相绕组的通电顺序为 A→AB→B→BC→C→CA,周而复始。此电路有一特点,即三路输出不允许出现"111"和"000"两种状态。

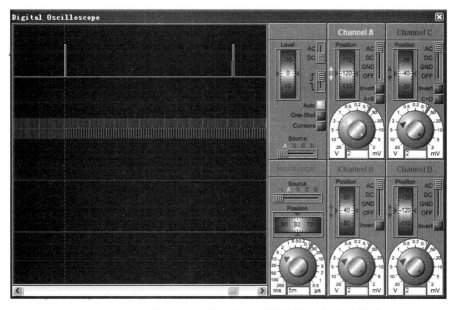

图 12-10 由两片 CC4017 组成的 60 分频电路输入/输出波形

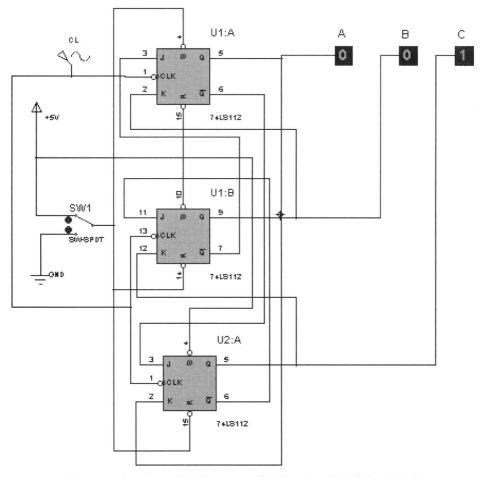

图 12-11 由 3 个 JK 触发器 74LS112 构成的三相六拍环形分配器电路

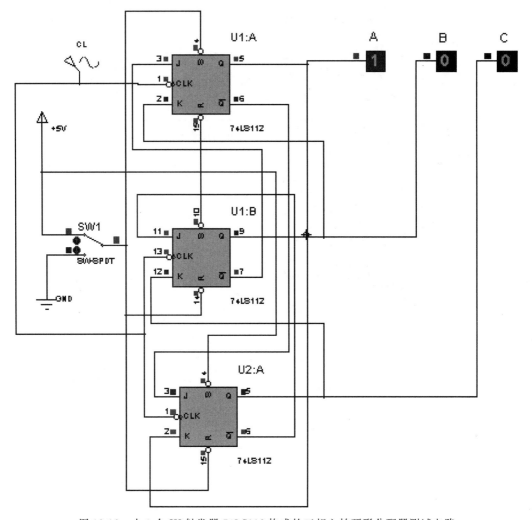

图 12-12　由 3 个 JK 触发器 74LS112 构成的三相六拍环形分配器测试电路

12.4　小结

本章共有 3 个实例,分别为:

(1) 时序脉冲分配器 CC4017 逻辑功能测试电路;

(2) 由两片 CC4017 组成的 60 分频电路;

(3) 由 3 个 JK 触发器 74LS112 构成的三相六拍环形分配器电路。

脉冲序列发生器能够产生一组在时间上有先后的脉冲序列,利用这组脉冲可以形成所需的各种信号。通常脉冲序列发生器有单独的集成电路芯片,如 CC4017 就是一种十进制计数器/脉冲分配器。脉冲序列发生器也可由译码器和计数器构成。

第13章

555定时器及其应用

13.1　设计目的

（1）熟悉 555 定时器的电路结构、工作原理及其特点。

（2）利用 555 定时器构成施密特触发器、单稳态触发器和多谐振荡器。

（3）绘出由 555 定时器构成施密特触发器、单稳态触发器和多谐振荡器的实验电路图，并在图上进行调试和仿真。

13.2　设计原理

1. 概述

555 定时器（Timer）是一种模拟和数字功能相结合的中规模集成电路器件，利用它，只需外接少量的阻容元件就可以构成施密特触发器、单稳态触发器和多谐振荡器，故广泛应用于波形的产生与变换、测量与控制等许多方面。555 定时器是由 Signetics 公司于 1972 年推出的，此后，国际上众多的电子公司都生产各自的 555 定时器。目前定时器有双极型和 CMOS 两种类型。在繁多的 555 定时器产品型号中，所有双极型产品型号最后的 3 位数都是 555，所有 CMOS 产品型号最后的 4 位数都是 7555，它们的功能和外部引脚的排列完全相同。555 和 7555 是单定时器，556 和 7556 是双定时器。

通常，双极型定时器具有较大的驱动能力，而 CMOS 定时器具有低功耗、输入阻抗高等优点。555 定时器工作的电源电压很宽，并可承受较大的负载电流。双极型定时器电源电压范围为 5～16V，最大负载电流可达 200mA；CMOS 定时器电源电压范围为 3～18V，最大负载电流在 4mA 以下。

2. 555 定时器电路的工作原理

这里以双极型定时器 NE555 芯片为例说明 555 定时器的用法。NE555 芯片的引脚排列如图 13-1（b）所示。1 脚 GND 是地，8 脚 V_{CC} 是电源，2 脚 $\overline{T}_L$ 是低触发端，3 脚 OUT 是输出，4 脚 $\overline{R}_D$ 是复位端，5 脚 V_C 是控制端，6 脚 T_H 是高触发端，7 脚 C_t 是放电端。

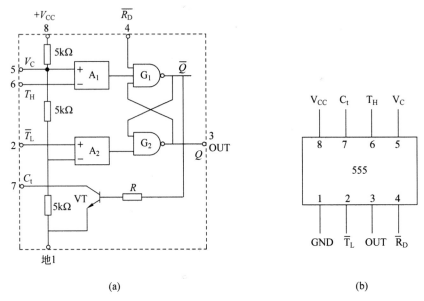

图 13-1 NE555 定时器内部框图及引脚排列

555 定时器的内部电路框图如图 13-1(a)所示,它含有两个电压比较器、一个基本 RS 触发器、一个放电开关管 VT,比较器的参考电压由三只 5kΩ 的电阻器构成的分压器提供。它们分别使高电平比较器 A_1 的同相输入端和低电平比较器 A_2 的反相输入端的参考电平为 $\frac{2}{3}V_{CC}$ 和 $\frac{1}{3}V_{CC}$。A_1 与 A_2 的输出端控制 RS 触发器状态和放电管开关状态。当输入信号自 6 脚引入即高电平触发输入并超过参考电平 $\frac{2}{3}V_{CC}$ 时,触发器复位,555 的输出端 3 脚输出低电平,同时放电开关管导通;当输入信号自 2 脚输入并低于 $\frac{1}{3}V_{CC}$ 时,触发器置位,555 的输出端 3 脚输出高电平,同时放电开关管截止。

当 $\overline{R}_D=0$,555 输出低电平。平时 $\overline{R}_D$ 端开路或接 V_{CC}。

V_C 是控制电压端(5 脚),平时输出作为比较器 A_1 的参考电平,当 5 脚外接一个输入电压,即改变了比较器的参考电平 $\frac{2}{3}V_{CC}$,从而实现对输出的另一控制;不接外加电压时,通常接一个 $0.01\mu F$ 的电容器到地,起滤波作用,以消除外来干扰,确保参考电平的稳定。VT 为放电管,当 VT 导通时,将给接在 7 脚的电容器提供低阻放电通路。用 555 定时器可以很方便地构成单稳态触发器、多谐振荡器和施密特触发器。

3．555 定时器电路的应用

1) 构成单稳态触发器

图 13-2(a)为由 555 定时器和外接定时元件 R、C 构成的单稳态触发器,触发电路由 C_1、R_1、VD 构成,其中 VD 为钳位二极管,稳态时 555 电路输入端处于电源电平,内部放电开关管导通,输出 OUT 端输出低电平,当有一个外部负脉冲触发信号经 C_1 加到 2 脚,并使

2 脚电位瞬时低于 $\frac{1}{3}V_{CC}$，低电平比较器动作，单稳态电路即开始一个暂态过程，电容 C 开始充电，V_C 按指数规律增长。当 V_C 充电到 $\frac{2}{3}V_{CC}$ 时，高电平比较器动作，比较器 A_1 翻转，输出 V_0 从高电平返回低电平，放电开关管 VT 重新导通，电容 C 上的电荷很快经放电开关管放电，暂态结束，恢复稳态，为下一个触发脉冲的到来做好准备。其波形如图 13-2(b)所示。

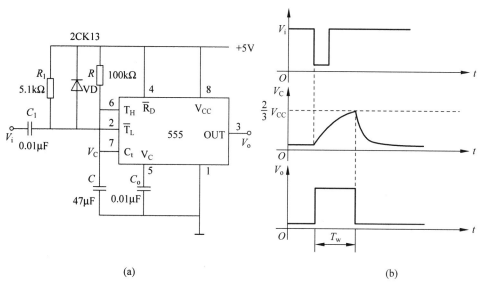

(a)   (b)

图 13-2 单稳态触发器

暂稳态的持续时间 T_w（即延时时间）取决于外接元件 R、C 值的大小。$T_w = 1.1RC$。通过改变 R、C 的大小，可使延时时间在几个微秒到几十分钟之间变化。

2）构成多谐振荡器

图 13-3(a)为由 555 定时器和外接元件 R_1、R_2、C 构成的多谐振荡器，2 脚和 6 脚直接相连。电路没有稳态，仅存在两个暂稳态，电路也不需要外加触发信号，利用电源通过 R_1、R_2 向 C 充电，以及 C 通过 R_2 向放电端 C_t 放电，使电路产生振荡。电容 C 在 $\frac{1}{3}V_{CC} \sim \frac{2}{3}V_{CC}$ 之间充电和放电，其波形如图 13-3(b)所示。输出信号的时间参数是

$$T = T_{w1} + T_{w2}, \quad T_{w1} = 0.7(R_1 + R_2)C, \quad T_{w2} = 0.7R_2C$$

555 电路要求 R_1 与 R_2 值均应大于或等于 $1k\Omega$，但 $R_1 + R_2$ 应小于或等于 $3.3M\Omega$。

3）构成占空比可调的多谐振荡器

占空比可调的多谐振荡器电路如图 13-4 所示，它比图 13-3 所示电路只增加一个电位器和两个导引二极管。VD_1、VD_2 用来决定电容充、放电电流流经电阻的途径（充电时 VD_1 导通，VD_2 截止；放电时 VD_2 导通，VD_1 截止）。

占空比：

$$P = \frac{T_{w1}}{T_{w1} + T_{w2}} \approx \frac{0.7R_AC}{0.7C(R_A + R_B)} = \frac{R_A}{R_A + R_B}$$

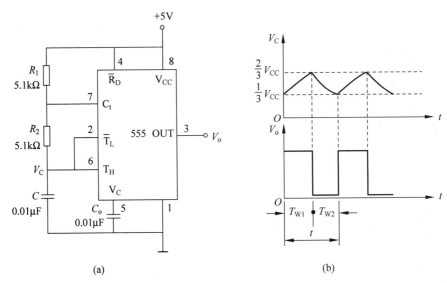

(a)

(b)

图 13-3　多谐振荡器

可见,若取 $R_A = R_B$,电路即可输出占空比为 50% 的方波信号。

4) 组成输出波形占空比和振荡频率均可调的多谐振荡器

占空比和振荡频率均可调的多谐振荡器电路如图 13-5 所示。对 C_1 充电时,充电电流通过 R_1、VD_1、R_{w2}、R_{w1};放电时通过 R_{w1}、R_{w2}、VD_2、R_2。当 $R_1 = R_2$,把 R_{w2} 调至中心点,因充放电时间基本相等,其占空比约为 50%,此时调节 R_{w1} 仅改变频率,占空比不变。如 R_{w2} 调至偏离中心点,再调节 R_{w1},不仅振荡频率改变,而且对占空比也有影响。R_{w1} 不变,调节 R_{w2} 仅改变占空比,对频率无影响。因此,当接通电源后,应首先调节 R_{w1} 使频率至规定值,再调节 R_{w2},以获得需要的占空比。

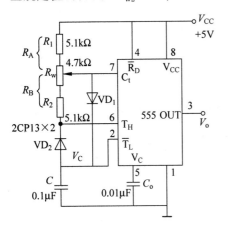

图 13-4　占空比可调的多谐振荡器

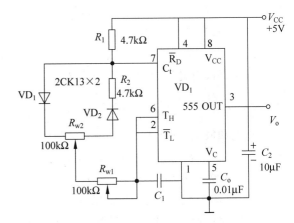

图 13-5　占空比和频率均可调的多谐振荡器

5) 构成施密特触发器

用 555 定时器构成的施密特触发器电路如图 13-6 所示,只要将 2、6 脚连在一起作为信号输入端,即得到施密特触发器。图 13-7 是施密特触发器 V_S、V_i、V_o 的波形图。

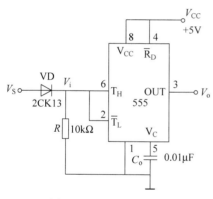

图 13-6　施密特触发器

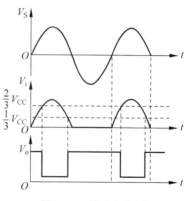

图 13-7　波形变换图

设被整形变换的电压信号为正弦波 V_S，其正半波通过二极管 VD 同时加到 555 定时器的 2 脚和 6 脚，使得 V_i 为半波整流波形。当 V_i 上升到 $\frac{2}{3}V_{CC}$ 时，V_o 从高电平翻转为低电平；当 V_i 下降为 $\frac{1}{3}V_{CC}$ 时，V_o 又从低电平翻转为高电平。电压的传输特性曲线如图 13-8 所示。其中，回差电压 $\Delta V_T = \frac{2}{3}V_{CC} - \frac{1}{3}V_{CC} = \frac{1}{3}V_{CC}$。

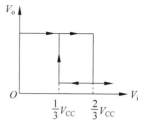

图 13-8　电压传输特性

13.3　用 Proteus 软件仿真

【实例 13.1】　用 555 定时器构成的单稳态触发器电路如图 13-9 所示。图中 NE555 的 DC(7 脚)和 VCC(8 脚)之间接入电阻 R4；R(4 脚)和 VCC(8 脚)相连；DC(7 脚)和 TH(6 脚)相连；TH(6 脚)通过电容 C1 接地；CV(5 脚)通过电容 C2 接地；GND(1 脚)接地；VCC(8 脚)接+5V；TR(2 脚)和信号发生器相连，同时与虚拟示波器的 B 通道相连，Q(3 脚)接虚拟示波器的 A 通道。图中 R4=5.1kΩ，C1=1μF，C2=0.1μF。

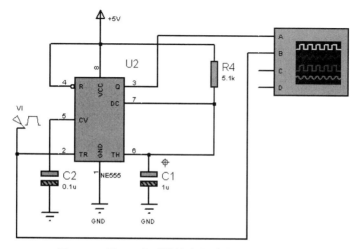

图 13-9　用 555 定时器构成的单稳态触发器电路

在图 13-9 中,从 VI 处加入一个频率 100Hz、幅度 3V 的矩形波信号,单击 PROTEUS 图屏幕左下角的运行键,系统开始运行,出现如图 13-10 所示的用 555 定时器构成的单稳态触发器输入/输出波形图。此时,虚拟示波器上 B 通道显示输入的矩形波信号,A 通道显示输出的矩形波。这表明,由信号发生器输出的矩形波输入用 NE555 构成的单稳态触发器后,可以输出不高于该矩形波频率的矩形波。本例中,矩形波的周期约为 10ms。

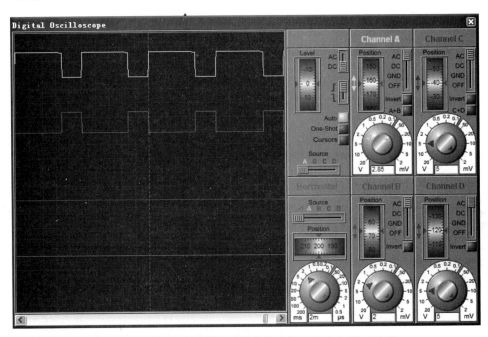

图 13-10　用 555 定时器构成的单稳态触发器输入/输出波形

用 NE555 构成的单稳态触发器电路的近似估算输出脉冲宽度的公式为

$$T_w = 1.1RC$$

将 $R_4 = 5.1\text{k}\Omega$,$C_1 = 1\mu\text{F}$ 代入上式,得

$$T_w = 1.1 \times 5.1 \times 10^3 \times 10^{-6} \approx 6 (\text{ms})$$

可见,理论计算的输出脉冲宽度和仿真测试的输出脉冲宽度之间有不小误差。

【实例 13.2】　用 555 定时器构成的施密特触发器电路如图 13-11 所示。图中 NE555 的 DC(7 脚)和 VCC(8 脚)之间接入电阻 R1;R(4 脚)和 VCC(8 脚)相连;TR(2 脚)和 TH (6 脚)相连;GND(1 脚)接地;VCC(8 脚)接 +5V;TR(2 脚)和正弦波信号发生器相连,同时与虚拟示波器的 B 通道相连,Q(3 脚)接虚拟示波器的 A 通道。图中 R1 = 4.3kΩ。

在图 13-11 中,从 VI 处加入一个频率 100Hz、幅度 3V 的正弦波信号,单击 Proteus 图屏幕左下角的运行键,系统开始运行,出现如图 13-12 所示的用 555 定时器构成的施密特触发器输入/输出波形。此时,虚拟示波器上 B 通道显示输入的正弦波信号,A 通道显示输出的矩形波。这表明,由信号发生器输出的正弦波输入用 NE555 构成的施密特触发器后,可以输出与该正弦波频率相同的矩形波。

【实例 13.3】　用 555 定时器构成的多谐振荡器电路如图 13-13 所示。图中 NE555 的 CV(5 脚)和 TR(2 脚)分别通过电容 C2、C1 接地;DC(7 脚)和 TH(6 脚)之间接入电阻 R1;DC(7 脚)和 VCC(8 脚)之间接入电阻 R4;R(4 脚)和 VCC(8 脚)相连;TR(2 脚)和

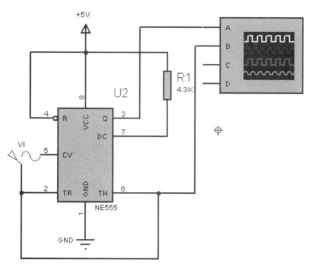

图 13-11　用 555 定时器构成的施密特触发器电路

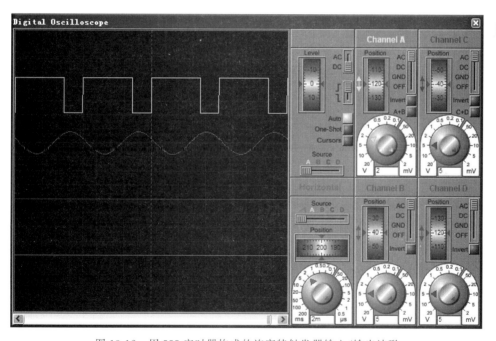

图 13-12　用 555 定时器构成的施密特触发器输入/输出波形

TH(6 脚)相连；GND(1 脚)接地；VCC(8 脚)接 +5V；Q(3 脚)接虚拟示波器的 A 通道。图中 $R1=47k\Omega,R4=51k\Omega,C1=C2=910nF$。

在图 13-13 中，单击 Proteus 图屏幕左下角的运行键，系统开始运行，出现如图 13-14 所示的用 555 定时器构成的多谐振荡器输出波形图。此时，虚拟示波器的 A 通道输出一个矩形波。通过调节虚拟示波器的通道 A 增益旋钮使其显示适当电压幅度的波形，调节虚拟示波器的扫描速度旋钮使其以适当的速度扫描。此矩形波的电压幅度约为 5V，振荡周期 T 约为 91ms。

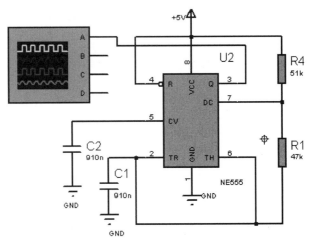

图 13-13　用 555 定时器构成的多谐振荡器电路

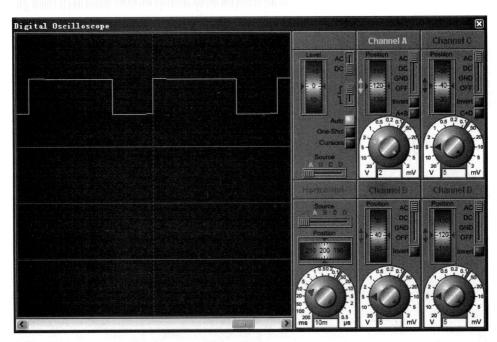

图 13-14　用 555 定时器构成的多谐振荡器输出波形

用 NE555 构成多谐振荡器电路近似估算振荡周期的公式为

$$T = T_{w1} + T_{w2} \quad T_{w1} = 0.7(R_1 + R_4)C, T_{w2} = 0.7R_2C$$

$$T = T_{w1} + T_{w2} = 0.7(R_1 + 2R_4)C_1$$

将 $R_1 = 47\text{k}\Omega, R_4 = 51\text{k}\Omega, C_1 = C_2 = 910\text{nF}$ 代入上式,得

$$T = (47 \times 10^3 + 2 \times 51 \times 10^3) \times 910 \times 10^{-9} \times 0.6931 = 93.977 (\text{ms})$$

可见,理论计算的振荡周期和仿真测试的振荡周期值(即虚拟示波器上显示值)是比较接近的。

【实例 13.4】　用 555 定时器构成的波形占空比可调的多谐振荡器电路如图 13-15 所

示。图中 NE555 的 TR(2 脚)通过电容 C1 接地；DC(7 脚)和 TH(6 脚)之间接入电阻 R1
和电位器 RV1；DC(7 脚)和 VCC(8 脚)之间接入电阻 R4；DC(7 脚)和 TR(2 脚)之间接入
正向二极管 VD1；TR(2 脚)和 TH(6 脚)之间接入正向二极管 VD2；R(4 脚)和 VCC(8
脚)相连；GND(1 脚)接地；VCC(8 脚)接+5V；Q(3 脚)接虚拟示波器的 A 通道。图中 R1=
$2k\Omega$,R4=220Ω,RV1=$1k\Omega$,C1=$1\mu F$。

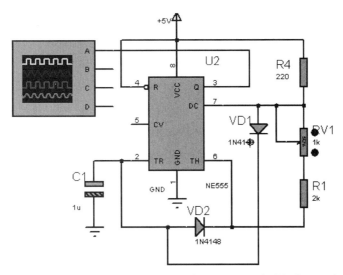

图 13-15　用 555 定时器构成的波形占空比可调的多谐振荡器电路

在图 13-15 中,单击 Proteus 图屏幕左下角的运行键,系统开始运行,出现如图 13-16 所
示的用 555 定时器构成的波形占空比可调的多谐振荡器电路输出波形图。此时,虚拟示波

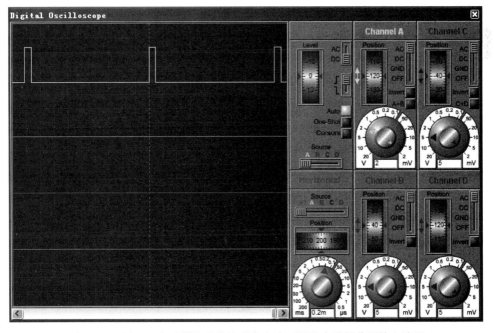

图 13-16　用 555 定时器构成的波形占空比可调的多谐振荡器输出波形

器的 A 通道输出一个矩形波。矩形波的占空比约为 0.6/9＝0.07。通过调节电位器 RV1，可以改变波形占空比。我们现在用占空比的计算公式算一下此波形的占空比，根据公式

$$P = \frac{T_{w1}}{T_{w1} + T_{w2}} \approx \frac{0.7R_A C}{0.7C(R_A + R_B)} = \frac{R_A}{R_A + R_B}$$

将电阻值代入公式，其中，

$R_A = R_4 + 0.5P_{V1} = 220 + 500 = 720(\Omega)$，　　$R_B = R_1 + 0.5R_{V1} = 2000 + 500 = 2500(\Omega)$
得

$$P = \frac{R_A}{R_A + R_B} = \frac{720}{720 + 2500} = 0.22$$

可见，实测占空比和理论占空比之间还有不小误差。

【实例 13.5】 用 555 定时器构成的占空比和频率都可调的多谐振荡器电路如图 13-17 所示。图中 NE555 的 TR（2 脚）、R（4 脚）和 CV（5 脚）分别通过电容 C1、C2、C3 接地；DC（7 脚）和 TH（6 脚）之间接入电阻 R1；DC（7 脚）和 VCC（8 脚）之间接入电阻 R4；DC（7 脚）和 TR（2 脚）之间接入正向二极管 VD1 和电位器 RV1；电位器 RV1 的中心抽头和 TH（6 脚）之间接入电位器 RV2；TR（2 脚）和 TH（6 脚）之间接入正向二极管 VD2；R（4 脚）和 VCC（8 脚）相连；GND（1 脚）接地；VCC（8 脚）接＋5V；Q（3 脚）接虚拟示波器的 A 通道。图中 R1＝4.7kΩ，R4＝4.7kΩ，RV1＝RV2＝100kΩ，C1＝1μF，C2＝10μF，C3＝0.01μF。

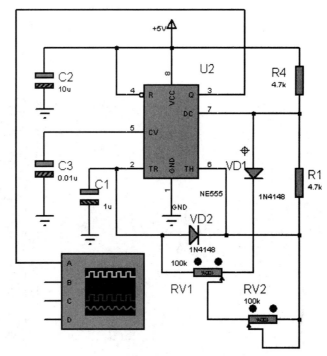

图 13-17　用 555 定时器构成的占空比和频率都可调的多谐振荡器电路

在图 13-17 中，单击 Proteus 图屏幕左下角的运行键，系统开始运行，出现如图 13-18 所示用 555 定时器构成的占空比和频率都可调的多谐振荡器输出波形图。此时，虚拟示波器的 A 通道输出一个矩形波。电位器 RV1 是调节矩形波频率用的，电位器 RV2 是调节矩形

波占空比用的。一般的调试步骤是：先调节电位器 RV2，把它调到中间位置。再调节电位器 RV1，调到所需的频率。频率调定，再返回调该频率下的占空比。

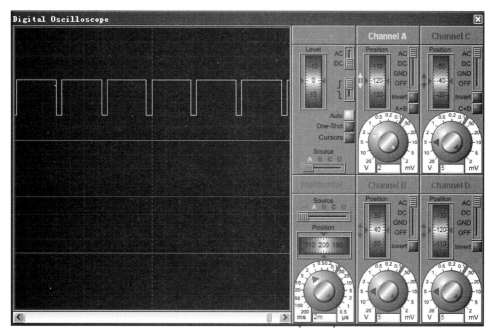

图 13-18 用 555 定时器构成的占空比和频率都可调的多谐振荡器输出波形

13.4 小结

本章共有 5 个实例，分别为：

(1) 用 555 定时器构成的单稳态触发器电路；

(2) 用 555 定时器构成的施密特触发器电路；

(3) 用 555 定时器构成的多谐振荡器电路；

(4) 用 555 定时器构成的波形占空比可调的多谐振荡器电路；

(5) 用 555 定时器构成的波形占空比和频率都可调的多谐振荡器电路。

555 定时器是一种模拟和数字功能相结合的中规模集成电路器件，由它可以构成施密特触发器、单稳态触发器和自激多谐振荡器。

第14章

单稳态触发器与施密特触发器

14.1 设计目的

(1) 熟悉单稳态触发器和施密特触发器的电路结构、工作原理及其特点。

(2) 设计用与非门组成的单稳态触发器和施密特触发器。

(3) 设计集成单稳态触发器 CC4098 的应用电路。

(4) 设计集成施密特触发器 CC40106 的应用电路。

14.2 设计原理

在数字电路中,常使用矩形脉冲作为信号进行信息传递,或作为时钟信号用来控制和驱动电路,协调动作。

那么,这些矩形脉冲信号是如何产生的呢? 一类是自激多谐振荡器(Astable Multivibrator),它是不需要外加信号触发的矩形波信号发生器。另一类是他激电路,包括:单稳态触发器(Monostable Multivibrator),它需要在外加触发信号的作用下输出具有一定宽度的矩形脉冲波;施密特触发器(Schmitt Trigger),它对外加的输入信号整形,使电路输出矩形脉冲波。

1. 用与非门组成单稳态触发器

利用与非门作开关,依靠 RC 电路的充、放电功能来控制与非门的启、闭。单稳态电路有微分型和积分型两大类,这两类触发器对触发脉冲的极性和宽度有不同的要求。

1) 微分型单稳态触发器

图 14-1 所示为微分型单稳态触发器,该电路为负脉冲触发电路。其中,R_P、C_P 构成输入端微分隔直电路。R、C 构成微分型定时电路,R、C 的取值不同,输出脉宽 t_w 也不同,$t_w \approx (0.7 \sim 1.3)RC$。门 G_3 起整形、倒相作用。图 14-2 为微分型单稳态触发器各点的波形图,现结合波形图说明其工作原理。

(1) 无外界触发脉冲时电路初始稳态($t < t_1$ 前状态):稳态时 V_i 为高电平。适当选择

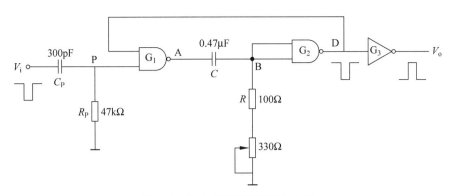

图 14-1　微分型单稳态触发器电路

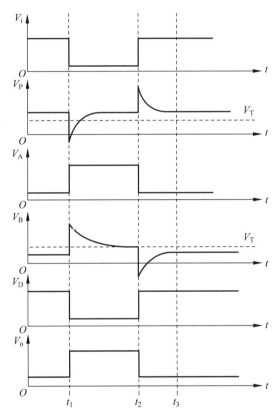

图 14-2　微分型单稳态触发器各点的波形

电阻 R 的阻值,使与非门 G_2 输入电压 V_B 小于门的关门电平($V_B < V_{off}$),则门 G_2 关闭,输入 V_D 为高电平。适当选择电阻 R_P 的阻值,使与非门 G_1 的输入电压 V_P 大于门的开门电平($V_P > V_{on}$),于是 G_1 的两个输入端全为高电平,则 G_1 开启,输出 V_A 为低电平(为方便计,取 $V_{off} = V_{on} = V_T$)。

(2)触发翻转($t = t_1$ 时刻):V_i 负跳变,V_P 也负跳变,门 G_1 输出 V_A 升高,经电容 C 耦合,V_B 也升高,门 G_2 输出 V_D 降低,正反馈到 G_1 输入端,结果使 G_1 输出 V_A 由低电平迅速上跳到高电平,G_1 迅速关闭;V_B 也上跳至高电平,G_2 输出 V_D 则迅速下跳至低电平,G_2 迅速开通。

（3）暂稳状态（$t_1 < t < t_2$）：$t > t_1$ 之后，G_1 输出高电平，对电容 C 充电，V_B 随之按指数规律下降。但只要 $V_B > V_T$，G_1 关、G_2 开的状态将维持不变，V_A、V_D 也维持不变。

（4）自动翻转（$t = t_2$）：$t = t_2$ 时，V_B 下降至门的关门电平 V_T，G_2 的输出 V_D 升高，G_1 的输出 V_A 升高，G_1 的输出 V_A 正反馈作用使电路迅速翻转至 G_1 开启、G_2 关闭的初始稳态。暂稳态持续时间的长短，取决于电容 C 充电时间常数 $\tau = RC$。

（5）恢复过程（$t_2 < t < t_3$）：电路自动翻转至 G_1 开启、G_2 关闭后，V_B 不是立即回到初始稳态值，这是因为电容 C 要有一个放电的过程。$t > t_3$ 以后，如 V_i 再出现负跳变，则电路将重复上述过程。如果输入脉冲宽度较小时，则输入端可省去 $R_P C_P$ 微分电路。

2）积分型单稳态触发器

如图 14-3 所示，电路采用正脉冲触发，工作波形如图 14-4 所示。电路的稳定条件是 $R \leqslant 1\text{k}\Omega$，输出脉冲宽度 $t_w = 1.1RC$。

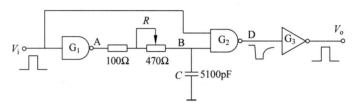

图 14-3　积分型单稳态触发器电路

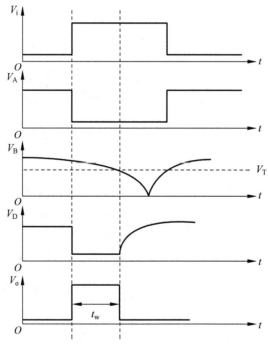

图 14-4　积分型单稳态触发器各点的波形

单稳态触发器的共同特点是：触发脉冲加入之前，电路处于稳态。触发脉冲加入后，电路立刻进入暂稳态。暂稳态的持续时间，即输出脉冲的宽度 t_w 只取决于 RC 值的大小，与触发脉冲宽度无关。

2. 用与非门组成的施密特触发器

施密特触发器能对正弦波、三角波等信号进行整形,输出矩形波。其特点是:①输入信号从低电平上升的过程中,电路状态转换时对应的输入电平与输入信号从高电平下降过程中再次转换时对应的输入转换电平不同;②在电路转换状态时,通过电路内部的正反馈过程使输出电压波形的边沿变得陡峭。

图 14-5 所示为由与非门组成的施密特触发器的典型电路,设 G_1、G_2 为 CMOS 门电路,利用电阻 R_1、R_2 产生回差的电路($R_1 < R_2$)。其工作情况如下:当 $V_i = 0$ 时,$V_R = 0$,V_P 为高电平,输出 V_o 为低电平。当 V_i 从 0 上升,只有当 V_i 和 V_R 均达到阈值电压,门 G_1 的状态才翻转,即当 V_i 达到 $(1 + R_1/R_2)V_T$ 时,输出 V_o 由低电平翻转为高电平。之后,V_i 继续升高,输出保持高电平不变。当 V_i 从最大值下降,V_i 和 V_R 均达到阈值电压时,门 G_1 的状态由低翻转为高,即当 V_i 达到 $(1 - R_1/R_2)V_T$ 时,输出 V_o 由高电平翻转为低电平。电路的回差 $\Delta V_T = 2(R_1/R_2)V_T$。

3. 集成单稳态触发器 CC14528(CC4098)

图 14-6 为 CC14528(CC4098)的引脚排列,表 14-1 为 CC14528(CC4098)的功能表。该器件能提供稳定的单脉冲,脉宽由外部电阻 R_X 值和外部电容 C_X 值决定,调节 R_X 和 C_X 值可使 Q 端和 $\overline{Q}$ 端输出脉冲宽度有一个较宽的范围。本器件可采用上升沿触发($+$TR),也可以下降沿触发($-$TR)。在正常工作时,电路应有每一个新脉冲去触发。当采用上升沿触发时,为防止重复触发,$\overline{Q}$ 端必须连接到($-$TR)端。同样,在使用下降沿触发时,Q 端必须连接到($+$TR)端。

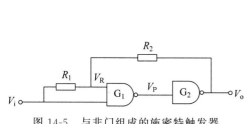

图 14-5　与非门组成的施密特触发器

16	15	14	13	12	11	10	9
V_{CC}	C_{X2}	R_{X2}	R_2	$+TR_2$	$-TR_2$	Q_2	$\overline{Q}_2$

CC14528

C_{X1}	R_{X1}	R_1	$+TR_1$	$-TR_1$	Q_1	$\overline{Q}_1$	V_{SS}
1	2	3	4	5	6	7	8

图 14-6　CC14528 的引脚排列图

表 14-1　CC14528(CC4098)的功能表

输　　入			输　　出	
$+$TR	$-$TR	$\overline{R}$	Q	$\overline{Q}$
⌐_	1	1	⌐⌐	⌐_
⌐_	0	1	Q	Q
1	‾⌐	1	Q	$\overline{Q}$
0	‾⌐	1	⌐⌐	⌐_
×	×	0	0	1

该单稳态触发器的时间周期约为 $T_X = R_X C_X$。所有的输出级都有缓冲级,以提供较大的驱动电流。

单稳态触发器 CC14528(CC4098)可以实现脉冲延迟和多谐振荡器。实现脉冲延迟的电路如图 14-7(a)所示,其输入/输出波形如图 14-7(b)所示。实现多谐振荡器的电路图及其输出波形如图 14-8 所示。

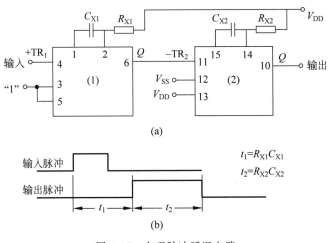

(a)

$t_1 = R_{X1} C_{X1}$

$t_2 = R_{X2} C_{X2}$

(b)

图 14-7　实现脉冲延迟电路

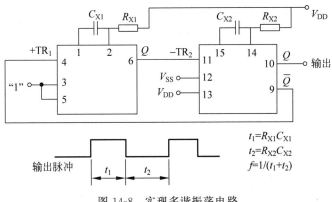

$t_1 = R_{X1} C_{X1}$

$t_2 = R_{X2} C_{X2}$

$f = 1/(t_1 + t_2)$

图 14-8　实现多谐振荡电路

4. 集成六施密特触发器 CC40106

图 14-9 所示为集成六施密特触发器 CC40106 的引脚排列,它可用于波形的整形,也可构成单稳态触发器和多谐振荡器。

(1) 将正弦波转换为方波电路,如图 14-10 所示。

(2) 构成多谐振荡器电路,如图 14-11 所示。

(3) 构成单稳态触发器,图 14-12(a)为下降沿触发;图 14-12(b)为上升沿触发。

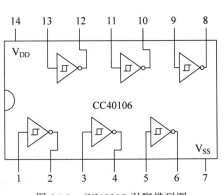

图 14-9　CC40106 引脚排列图

134

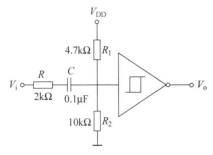

图 14-10　正弦波转换为方波

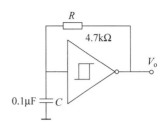

图 14-11　构成多谐振荡器

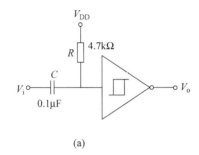

(a)

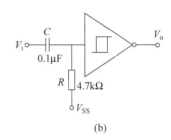

(b)

图 14-12　单稳态触发器

14.3　用 Proteus 软件仿真

【实例 14.1】　用与非门组成的微分型单稳态触发器电路如图 14-13 所示。已知,电路中 U1:A 和 U2:A 均为 74LS00,U3:A 为 74LS04,C=0.47μF,R1=R+RV1=100Ω+330Ω。在 VI 处输入近似方波信号,在 VO 处接虚拟示波器观察输出信号。

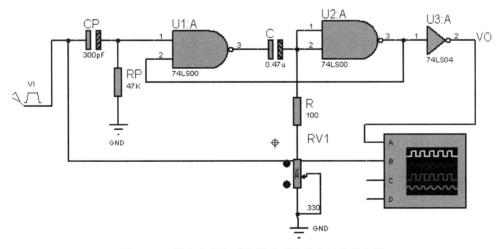

图 14-13　用与非门组成的微分型单稳态触发器电路

在 VI 处输入频率为 1kHz、幅度+4V 的近似方波信号,利用 Proteus 交互仿真功能,可以测出电路的输出波形,如图 14-14 所示。图中 B 通道为输入负脉冲波形,A 通道为输出正脉冲波形。调节图中的电位器 RV1,可以改变输出脉冲的宽度。脉宽 $t_w \approx (0.7 \sim 1.3)R1C$。

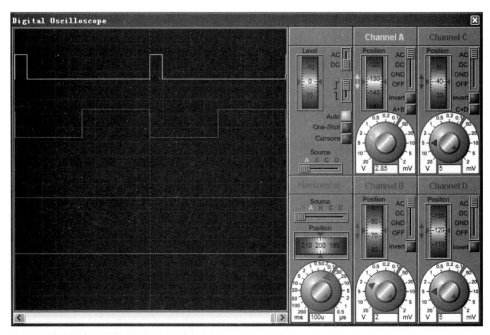

图 14-14　用与非门组成的微分型单稳态触发器输入/输出波形

【实例 14.2】　用与非门组成的积分型单稳态触发器电路如图 14-15 所示。已知,电路中 U1:A 和 U1:B 为 74LS04,U2:A 为 74LS00,C=10μF,R=R1+RV1=100Ω+470Ω。在 VI 处输入近似方波信号,在 VO 处接虚拟示波器观察输出信号。

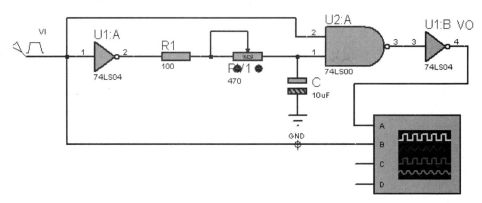

图 14-15　用与非门组成的积分型单稳态触发器电路

在 VI 处输入频率为 1kHz、幅度为+4V 的近似方波信号,利用 Proteus 交互仿真功能,可以测出电路的输出波形,如图 14-16 所示。图中 B 通道为输入正脉冲波形,A 通道为输出正脉冲波形,调节图中的电位器 RV1,可以改变输出脉冲的宽度。脉宽 $t_w \approx 1.1RC$。

【实例 14.3】　用 CMOS 与非门组成的施密特触发器电路如图 14-17 所示。已知,电路中 U1:A 和 U1:B 为 CC4069,R1=11kΩ,R2=22kΩ。在 VI 处输入近似正弦波信号,在 VO 和 VO′处接虚拟示波器观察输出信号。

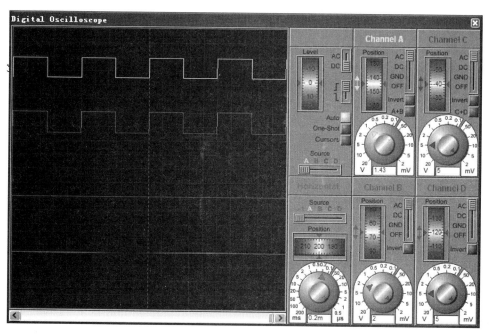

图 14-16　用与非门组成的积分型单稳态触发器输入/输出波形

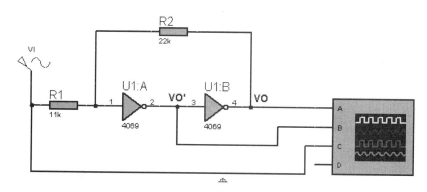

图 14-17　用 CMOS 与非门组成的施密特触发器电路

在 VI 处输入频率为 10Hz、幅度为＋3V 的近似正弦波信号,利用 Proteus 交互仿真功能,可以测出电路的输出波形,如图 14-18 所示。图中 C 通道为输入正弦波信号,B 通道为在 VO′点测得的输出负脉冲波形,A 通道为输出正脉冲波形。改变 R1 和 R2 的电阻值,可调节输出脉冲的宽度。

【实例 14.4】　用 TTL 非门组成的施密特触发器电路如图 14-19 所示。已知,电路中 U1：A 和 U1：B 均为 74LS04,R1＝11kΩ,R2＝22kΩ。在 VI 处输入近似正弦波信号,在 VO 和 VO′处接虚拟示波器观察输出信号。

在 VI 处输入频率为 10Hz、幅度为＋3V 的近似正弦波信号,利用 Proteus 交互仿真功能,可以测出电路的输出波形,如图 14-20 所示。图中 C 通道为输入正弦波信号,B 通道为在 VO′点测得的输出负脉冲波形,A 通道为输出正脉冲波形。改变 R1 和 R2 的电阻值,可调节输出脉冲的宽度。

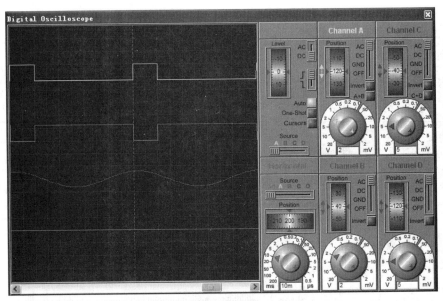

图 14-18 用 CMOS 与非门组成的施密特触发器输入/输出波形

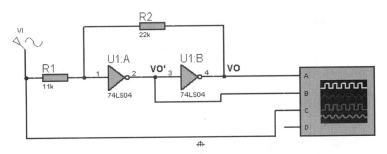

图 14-19 用 TTL 非门组成的施密特触发器电路

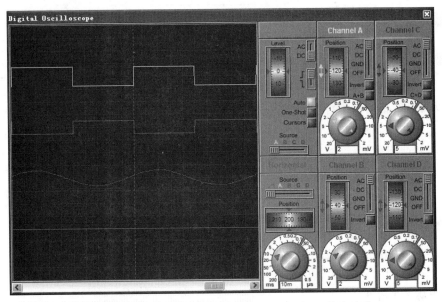

图 14-20 用 TTL 非门组成的施密特触发器输入/输出波形

【实例 14.5】 用集成单稳态触发器 CC4098 实现脉冲延迟电路如图 14-21 所示。已知,电路中 U1:A 和 U1:B 为 CC4098,C1=C2=0.1μF,R2=R3=10kΩ。在 VI 处输入近似方波信号,在 VO 处接虚拟示波器观察输出信号。

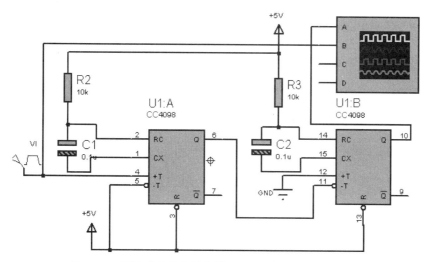

图 14-21 用集成单稳态触发器 CC4098 实现脉冲延迟电路

在 VI 处输入频率为 10Hz、幅度为 +3V 的近似方波信号,利用 Proteus 交互仿真功能,可以测出电路的输出波形,如图 14-22 所示。图中 B 通道为输入方波波形,A 通道为输出的已经延迟了的脉冲波形。两段的延迟时间分别由 RX1、CX1 和 RX2、CX2 决定。

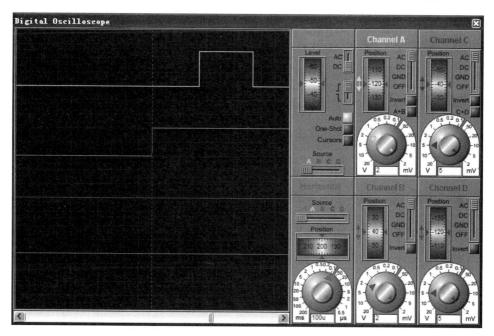

图 14-22 用集成单稳态触发器 CC4098 实现脉冲延迟电路输入/输出波形

【实例 14.6】 用集成单稳态触发器 CC4098 组成的多谐振荡器电路如图 14-23 所示。已知,电路中 U1:A 和 U1:B 为 CC4098,C1=C2=0.1μF,R2=R3=100kΩ。在 U1:A 和

U1：B 的 Q 端接虚拟示波器观察输出信号。

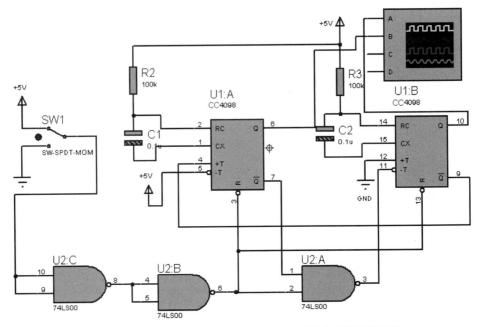

图 14-23　用集成单稳态触发器 CC4098 组成的多谐振荡器电路

　　先将图中的开关 SW1 拨到接地端,仿真开始后,再把开关 SW1 拨到接+5V 端,可以测出电路的输出波形,如图 14-24 所示。图中 B 通道为 U1：A 的 Q 端输出波形,A 通道为 U1：B 的 Q 端输出方波波形,两波形相位相反。根据 A 通道的波形,可以看出它的周期为 9ms,转换成频率,大概是 100Hz。通过调节电路中的 C1、C2 及 R1、R2 的阻值容值,可以改变矩形波的占空比,也可改变其振荡频率。

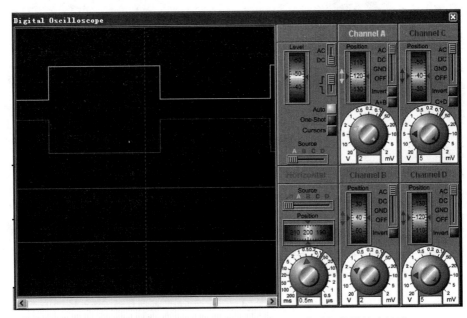

图 14-24　用集成单稳态触发器 CC4098 组成的多谐振荡器输出波形

我们看一下理论计算的矩形波频率是多少？由公式 $t_1=R_{X1}C_{X1}$，$t_2=R_{X2}C_{X2}$，$f=1/(t_1+t_2)$，可求得 $f=1/(100\times10^3\times0.1\times10^{-6}\times2)\approx50\mathrm{Hz}$，可见，两者相差不小。

【实例 14.7】 用施密特触发器 CD40106 构成的正弦波转方波电路如图 14-25 所示。已知，U2：A 为 CC40106，电路中 C1＝100nF，R＝2kΩ。在 VI 处输入正弦波信号，在 VO 处接虚拟示波器观察输出信号。

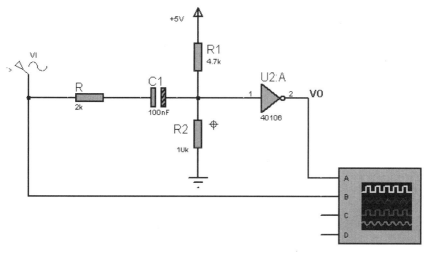

图 14-25　用施密特触发器 CD40106 构成的正弦波转方波电路

在 VI 处输入频率为 1kHz、幅度为 5V 的正弦波信号，利用 Proteus 交互仿真功能，可以测出电路的输出电压波形，如图 14-26 所示。图中 B 通道为输入的正弦波波形，A 通道为输出矩形波波形。可见，图中的电路已将正弦波转换为同频率的方波。

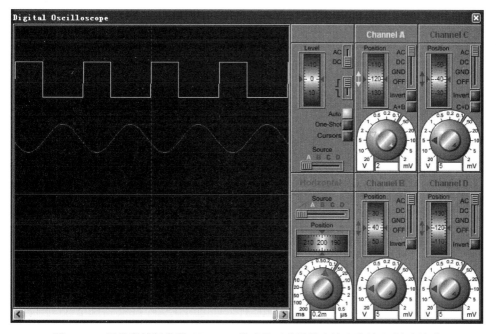

图 14-26　用施密特触发器 CD40106 构成的正弦波转方波电路输入/输出波形

【**实例 14.8**】 用施密特触发器 CD40106 构成的多谐振荡器电路如图 14-27 所示。已知,电路中 U1:A 为 CC40106,C=100nF,R1=4.7kΩ。在 VO 处接虚拟示波器观察输出信号。

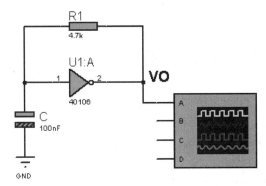

图 14-27 用施密特触发器 CD40106 构成的多谐振荡器电路

利用 Proteus 交互仿真功能,可以测出电路的输出电压波形,如图 14-28 所示。图中显示着不太规范的矩形波。

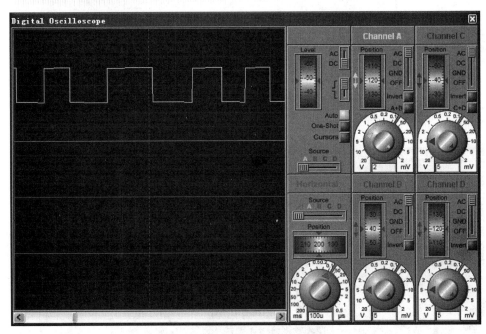

图 14-28 用施密特触发器 CD40106 构成的多谐振荡器输出波形

【**实例 14.9**】 用施密特触发器 CD40106 构成的上升沿触发的单稳态触发器电路如图 14-29 所示。已知,电路中 U2:A 为 CC40106,C=100nF,R1=4.7kΩ。在 VO 处接虚拟示波器观察输出信号。

在 VI 处输入频率为 1kHz、幅度为 5V 的方波信号,利用 Proteus 交互仿真功能,可以测出电路的输出电压波形,如图 14-30 所示。图中 B 通道为输入的矩形波波形,A 通道为输出矩形波波形。由图可见,B 通道的上升沿触发了 A 通道的矩形波。

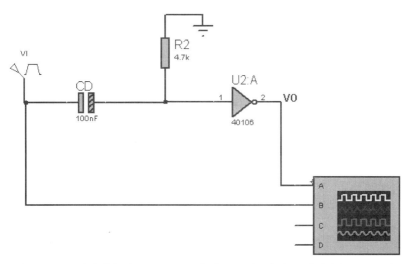

图 14-29 用施密特触发器 CD40106 构成的上升沿触发的单稳态触发器电路

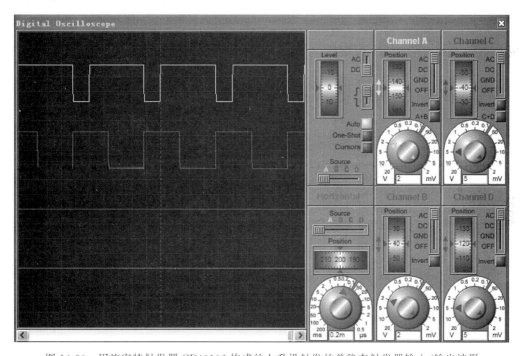

图 14-30 用施密特触发器 CD40106 构成的上升沿触发的单稳态触发器输入/输出波形

【实例 14.10】 用施密特触发器 CD40106 构成的下降沿触发的单稳态触发器电路如图 14-31 所示。已知,电路中 U2:A 为 CC40106,C=100nF,R1=4.7kΩ。在 VO 处接虚拟示波器观察输出信号。

在 VI 处输入频率为 1kHz、幅度为 5V 的方波信号,利用 Proteus 交互仿真功能,可以测出电路的输出电压波形,如图 14-32 所示。图中 B 通道为输入的矩形波波形,A 通道为输出矩形波波形。由图可见,B 通道的下降沿触发了 A 通道的矩形波。

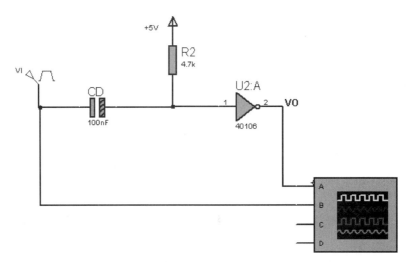

图 14-31　用施密特触发器 CD40106 构成的下降沿触发的单稳态触发器电路

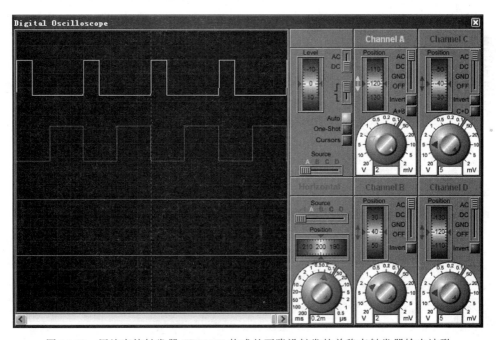

图 14-32　用施密特触发器 CD40106 构成的下降沿触发的单稳态触发器输出波形

14.4　小结

本章共有 10 个实例,分别为:

(1) 用与非门组成的微分型单稳态触发器电路;

(2) 用与非门组成的积分型单稳态触发器电路;

(3) 用 CMOS 与非门组成的施密特触发器电路;

(4) 用 TTL 非门组成的施密特触发器电路;

（5）用集成单稳态触发器 CC4098 实现脉冲延迟电路；

（6）用集成单稳态触发器 CC4098 组成的多谐振荡器电路；

（7）用施密特触发器 CD40106 构成的正弦波转方波电路；

（8）用施密特触发器 CD40106 构成的多谐振荡器电路；

（9）用施密特触发器 CD40106 构成的上升沿触发的单稳态触发器电路；

（10）用施密特触发器 CD40106 构成的下降沿触发的单稳态触发器电路。

单稳态触发器需要在外加触发信号的作用下才能输出具有一定宽度的矩形脉冲波；施密特触发器对外加的输入信号整形，使电路输出矩形脉冲波。

第15章

三态缓冲器/线驱动器

15.1 设计目的

(1) 了解 TTL 三态缓冲器/线驱动器芯片的功能及其使用方法。

(2) 掌握单向三态缓冲器/线驱动器芯片 74LS240、74LS241 和 74LS244 的使用方法。

(3) 掌握双向三态缓冲器/线驱动器芯片 74LS242 和 74LS245 的使用方法。

15.2 设计原理

在数字电路系统中,TTL 的三态缓冲器/线驱动器有多种,比如八反相三态缓冲器/线驱动器 74LS240、八同相三态缓冲器/线驱动器 74LS241、四反相三态总线收发器/线驱动器 74LS242、四同相三态总线收发器/线驱动器 74LS243、八同相三态缓冲器/线驱动器 74LS244、八同相三态总线收发器 74LS245 等。

在微型计算机和单片机中,都有三总线,即数据总线、地址总线和控制总线。要扩充这些总线时,离不了这些三态缓冲器/线驱动器。一般在扩充地址总线或控制总线时,要用单向的三态缓冲器/线驱动器,如 74LS240、74LS241 和 74LS244;在扩充数据总线时,要用双向的三态缓冲器/线驱动器,比如 74LS242、74LS243 和 74LS245。

1. 八反相三态缓冲器/线驱动器 74LS240

74LS240 是一种八反相三态缓冲器/线驱动器。其引脚排列如图 15-1 所示。它是一种有 20 个脚的芯片,1A1、1A2、1A3、1A4、2A1、2A2、2A3、2A4 为 8 位输入端,1Y1、1Y2、1Y3、1Y4、2Y1、2Y2、2Y3、2Y4 为 8 位输出端,$\overline{1G}$ 和 $\overline{2G}$ 为控制端。74LS240 的真值表如表 15-1 所示。

由表 15-1 可以看出,当 $\overline{G}$(包括 $\overline{1G}$ 和 $\overline{2G}$)为高电平时,无论 A 输入什么,输出 Y 都是高阻状态。当 $\overline{G}$ 为低电平时,A 输入高电位,Y 输出低电位;A 输入低电位,Y 输出高电位。

图 15-1 74LS240 引脚排列图

表 15-1 74LS240 的真值表

输	入	输 出
$\overline{G}$	A	Y
L	L	H
L	H	L
H	X	Z

2. 八同相三态缓冲器/线驱动器 74LS241

74LS241 是一种八同相三态缓冲器/线驱动器。其引脚排列如图 15-2 所示。它是一种有 20 个引脚的芯片,1A1、1A2、1A3、1A4、2A1、2A2、2A3、2A4 为 8 位输入端,1Y1、1Y2、1Y3、1Y4、2Y1、2Y2、2Y3、2Y4 为 8 位输出端,$\overline{1G}$ 和 2G 为控制端。74LS241 的真值表如表 15-2 所示。

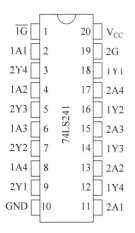

图 15-2 74LS241 引脚排列图

表 15-2 74LS241 的真值表

输		入		输	出
G	$\overline{G}$	$1A$	$2A$	$1Y$	$2Y$
X	L	L	X	L	
X	L	H	X	H	
X	H	X	X	Z	
H	X	X	L		L
H	X	X	H		H
L	X	X	X		Z

由表 15-2 可以看出,当 $\overline{G}$ 为高电平时,1Y 输出高阻状态。当 $\overline{G}$ 为低电平时,1Y 输出与 1A 输入一致。当 G 为低电平时,2Y 输出高阻状态。当 G 为高电平时,2Y 输出与 2A 输入一致。

3. 四反相三态总线收发器/线驱动器 74LS242

74LS242 是一种四反相三态总线收发器/线驱动器。其引脚排列如图 15-3 所示。它是一种有 14 个脚的芯片,1A、2A、3A、4A 和 1B、2B、3B、4B 互为输入输出。$\overline{GAB}$ 和 GBA 为控制端。74LS242 的真值表如表 15-3 所示。

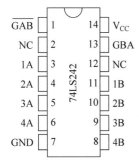

图 15-3　74LS242 引脚排列图

表 15-3　74LS242 的真值表

控制输入		数据口状态	
$\overline{GAB}$	GBA	A	B
H	H	$\overline{O}$	I
L	H	*	*
H	L	隔离	隔离
L	L	I	$\overline{O}$

注：* 收发器两个方向同时被允许,可能发生破坏性振荡。

由表 15-3 可以看出,当 $\overline{GAB}$ 和 GBA 都为高电平时,B 是输入,A 是反相输出。当 $\overline{GAB}$ 和 GBA 都为低电平时,A 是输入,B 是反相输出。当 $\overline{GAB}$ 为高电平,GBA 为低电平时,是隔离态。当 $\overline{GAB}$ 为低电平,GBA 为高电平时,收发器两个方向同时被允许,可能发生破坏性振荡,应尽量避免发生这种状况。

4. 八同相三态缓冲器/线驱动器 74LS244

74LS244 是一种八同相三态缓冲器/线驱动器。其引脚排列如图 15-4 所示。它是一种有 20 个脚的芯片,1A1、1A2、1A3、1A4、2A1、2A2、2A3、2A4 为 8 位输入端,1Y1、1Y2、1Y3、1Y4、2Y1、2Y2、2Y3、2Y4 为 8 位输出端,$\overline{1G}$ 和 $\overline{2G}$ 为控制端。74LS244 的真值表如表 15-4 所示。

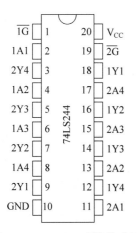

图 15-4　74LS244 引脚排列图

表 15-4　74LS244 的真值表

输	入	输 出
$\overline{G}$	A	Y
L	L	L
L	H	H
H	X	Z

由表 15-4 可以看出,当 $\overline{G}$ 为高电平时,1Y 输出高阻状态。当 $\overline{G}$ 为低电平时,Y 输出与 A 输入一致。

5. 八同相三态总线收发器 74LS245

74LS245 是一种八同相三态总线收发器/线驱动器。其引脚排列如图 15-5 所示。它是一种有 20 个脚的芯片,A1、A2、A3、A4、A5、A6、A7、A8 和 B1、B2、B3、B4、B5、B6、B7、B8 互为输入/输出。$\overline{G}$ 和 DIR 为控制端。74LS245 的真值表如表 15-5 所示。

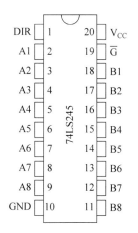

图 15-5 74LS245 引脚排列图

表 15-5 74LS245 的真值表

使能 $\overline{G}$	方向控制 DIR	操 作
L	L	B 数据到 A 总线
L	H	A 数据到 B 总线
H	×	隔离

由表 15-5 可以看出,当 $\overline{G}$ 为高电平时,A 和 B 之间呈高阻状态。当 $\overline{G}$ 为低电平时,DIR 为低电平,数据由 B 到 A 传送;DIR 为高电平,数据由 A 到 B 传送。

15.3 用 Proteus 软件仿真

【实例 15.1】 八反相三态缓冲器/线驱动器 74LS240 功能测试电路如图 15-6 所示。图中 U1:A 和 U1:B 的 A0、A1、A2、A3 输入都接"逻辑状态"调试元件;$\overline{OE}$ 也接"逻辑状态"调试元件。U1:A 和 U1:B 的 Y0、Y1、Y2、Y3 都接"逻辑探针"调试元件。

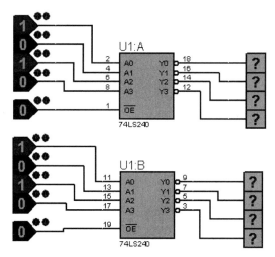

图 15-6 八反相三态缓冲器/线驱动器 74LS240 功能测试电路

(1) 向 U1:A 和 U1:B 的 A3、A2、A1、A0 都输入电平"0101",向 U1:A 和 U1:B 的 $\overline{OE}$ 都输入高电平"1",单击 Proteus 图屏幕左下角的运行键,系统开始运行,出现如图 15-7 所示的八反相三态缓冲/线驱动器 74LS240 电路仿真结果 1。此时,U1:A 和 U1:B 的输出 Y3、Y2、Y1、Y0 都是高阻态。

(2) 向 U1:A 和 U1:B 的 A3、A2、A1、A0 都输入电平"0101"不变,向 U1:A 和 U1:B

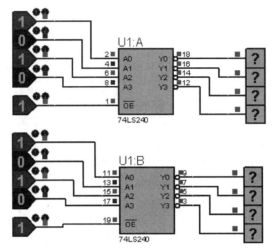

图 15-7　八反相三态缓冲器/线驱动器 74LS240 电路仿真结果 1

的 $\overline{OE}$ 都输入低电平"0"，单击 Proteus 图屏幕左下角的运行键，系统开始运行，出现如图 15-8 所示的八反相三态缓冲器/线驱动器 74LS240 电路仿真结果 2。此时，U1：A 和 U1：B 的输出 Y3、Y2、Y1、Y0 都是"1010"，它们都是输入数的反相输出。

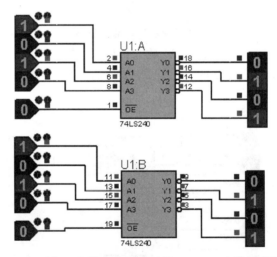

图 15-8　八反相三态缓冲器/线驱动器 74LS240 电路仿真结果 2

【实例 15.2】　八同相三态缓冲器/线驱动器 74LS241 功能测试电路如图 15-9 所示。图中 U1 的 1A0、1A1、1A2、1A3、2A0、2A1、2A2、2A3 输入都接"逻辑状态"调试元件；$\overline{1OE}$ 和 2OE 也接"逻辑状态"调试元件。1Y0、1Y1、1Y2、1Y3、2Y0、2Y1、2Y2、2Y3 的 8 位输出端都接"逻辑探针"调试元件。

（1）向 1A3、1A2、1A1、1A0 输入电平"0101"，向 2A3、2A2、2A1、2A0 也输入电平"0101"，向 $\overline{1OE}$ 输入高电平"1"，向 2OE 输入低电平"0"，单击 Proteus 图屏幕左下角的运行键，系统开始运行，出现如图 15-10 所示的八同相三态缓冲器/线驱动器 74LS241 芯片功能测试结果图 1。此时，输出 1Y0、1Y1、1Y2、1Y3、2Y0、2Y1、2Y2、2Y3 都是高阻态。

（2）向 1A3、1A2、1A1、1A0 输入电平"0101"，向 2A3、2A2、2A1、2A0 也输入电平

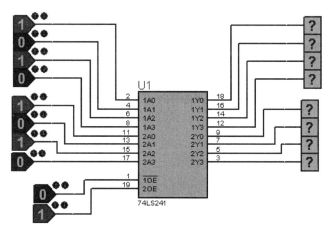

图 15-9　八同相三态缓冲器/线驱动器 74LS241 功能测试电路

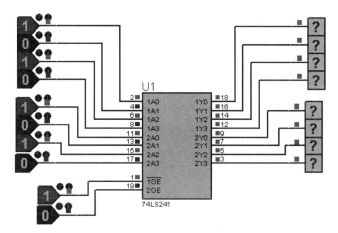

图 15-10　八同相三态缓冲器/线驱动器 74LS241 电路仿真结果 1

"0101"，向 $\overline{1OE}$ 输入低电平"0"，向 2OE 输入高电平"1"，单击 Proteus 图屏幕左下角的运行键，系统开始运行，出现如图 15-11 所示的八反相三态缓冲/线驱动器 74LS241 芯片功能测试结果图 2。此时，输出 1Y0、1Y1、1Y2、1Y3、2Y0、2Y1、2Y2、2Y3 是"01010101"。它与原输入数完全相同。

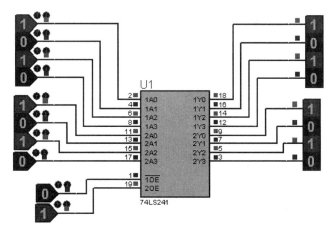

图 15-11　八同相三态缓冲器/线驱动器 74LS241 电路仿真结果 2

可见,当 $\overline{1OE}$ 为低电平和 2OE 为高电平时,Y=A。

【实例 15.3】 四反相三态总线收发器/线驱动器 74LS242 功能测试电路如图 15-12 所示。图中 U1:A 的 A0、A1、A2、A3 输入接"逻辑状态"调试元件;$\overline{OEA}$ 和 OEB 也接"逻辑状态"调试元件。U1:A 的 B0、B1、B2、B3 接"逻辑探针"调试元件。图中 U1:B 的 B0、B1、B2、B3 输入接"逻辑状态"调试元件;U1:B 的 $\overline{OEA}$ 和 OEB 也接"逻辑状态"调试元件。U1:B 的 A0、A1、A2、A3 接"逻辑探针"调试元件。

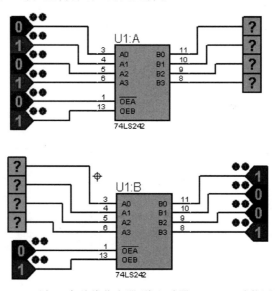

图 15-12　四反相三态总线收发器/线驱动器 74LS242 功能测试电路

(1) 向 U1:A 的 A3、A2、A1、A0 输入电平"0101",向 U1:B 的 B0、B1、B2、B3 输入电平"1001",向 U1:A 和 U1:B 的 $\overline{OEA}$ 输入高电平"1",OEB 输入低电平"0",单击 Proteus 图屏幕左下角的运行键,系统开始运行,出现如图 15-13 所示的四反相三态总线收发器/线驱动器 74LS242 芯片功能测试结果图 1。此时,U1:A 的 B0、B1、B2、B3,以及 U1:B 的 A3、A2、A1、A0 都是高阻态。

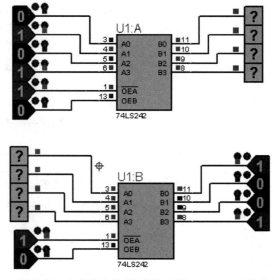

图 15-13　四反相三态总线收发器/线驱动器 74LS242 电路仿真结果 1

（2）向 U1：A 的 A3、A2、A1、A0 输入电平"0101"，向 U1：B 的 B0、B1、B2、B3 输入电平"1001"不变，向 U1：A 和 U1：B 的 $\overline{OEA}$ 输入低电平"0"，OEB 输入高电平"1"，单击 Proteus 图屏幕左下角的运行键，系统开始运行，出现如图 15-14 所示的四反相三态总线收发器/线驱动器 74LS242 芯片功能测试结果图 2。此时，U1：A 的 B0、B1、B2、B3 呈"0101"，U1：B 的 A3、A2、A1、A0 呈"0110"，它们都是原输入数的相反数。

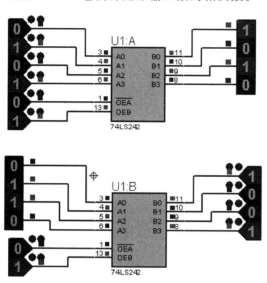

图 15-14　四反相三态总线收发器/线驱动器 74LS242 电路仿真结果 2

【实例 15.4】　八同相三态缓冲器/线驱动器 74LS244 功能测试电路如图 15-15 所示。图中 U1：A 和 U1：B 的 A0、A1、A2、A3 输入都按"逻辑状态"调试元件；U1：A 和 U1：B 的 $\overline{OE}$ 也接"逻辑状态"调试元件。U1：A 和 U1：B 的 Y0、Y1、Y2、Y3 都接"逻辑探针"调试元件。

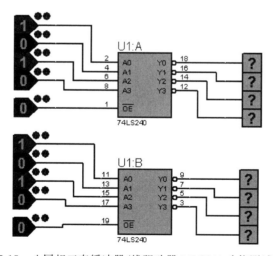

图 15-15　八同相三态缓冲器/线驱动器 74LS244 功能测试电路

（1）向 U1：A 和 U1：B 的 A3、A2、A1、A0 都输入电平"0101"，向 U1：A 和 U1：B 的 $\overline{OE}$ 都输入高电平"1"，单击 Proteus 图屏幕左下角的运行键，系统开始运行，出现如图 15-16 所示的八同相三态缓冲器/线驱动器 74LS244 芯片功能测试结果图 1。此时，U1：A 和 U1：B 的输出

Y3、Y2、Y1、Y0 都是高阻态。

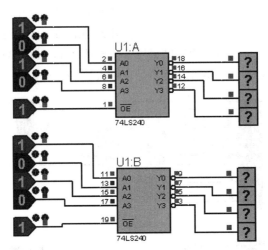

图 15-16　八同相三态缓冲器/线驱动器 74LS244 电路仿真结果 1

　　(2) 向 U1：A 和 U1：B 的 A3、A2、A1、A0 都输入电平"0101"不变,向 U1：A 和 U1：B 的 $\overline{OE}$ 都输入低电平"0",单击 Proteus 图屏幕左下角的运行键,系统开始运行,出现如图 15-17 所示的八同相三态缓冲器/线驱动器 74LS244 芯片功能测试结果图 2。此时,U1：A 和 U1：B 的输出 Y3、Y2、Y1、Y0 都是"1010",它们都是原输入数的相反数。

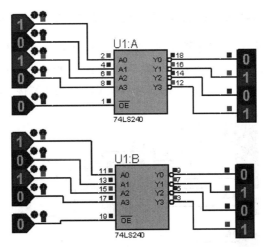

图 15-17　八同相三态缓冲器/线驱动器 74LS244 电路仿真结果 2

　　【实例 15.5】　八同相三态总线收发器 74LS245 功能测试电路如图 15-18 所示。图中 U2 的 A0～A7 输入接"逻辑状态"调试元件；U2 的 $\overline{CE}$ 和 AB/$\overline{BA}$ 也接"逻辑状态"调试元件。U2 的 B0～B7 接"逻辑探针"调试元件。U1 的 B0～B7 输入接"逻辑状态"调试元件；U1 的 $\overline{CE}$ 和 AB/$\overline{BA}$ 也接"逻辑状态"调试元件。U1 的 A0～A7 接"逻辑探针"调试元件。

　　(1) 向 U2 的 A7～A0 输入电平"01011010",向 U2 的 $\overline{CE}$ 输入高电平"1"；向 U1 的 B7～B0 输入电平"01011010",向 U1 的 $\overline{CE}$ 输入高电平"1",单击 Proteus 图屏幕左下角的运行键,系统开始运行,出现如图 15-19 所示的八同相三态总线收发器 74LS245 芯片功能测试结果图 1。此时,U2 的 B7～B0、U1 的 A7～A0 都是高阻态。

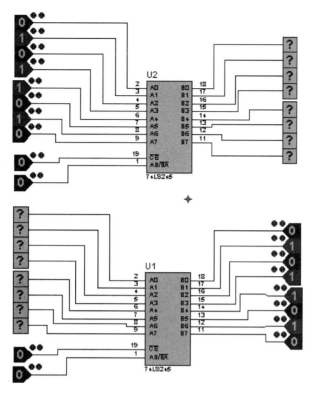

图 15-18 八同相三态总线收发器 74LS245 功能测试电路

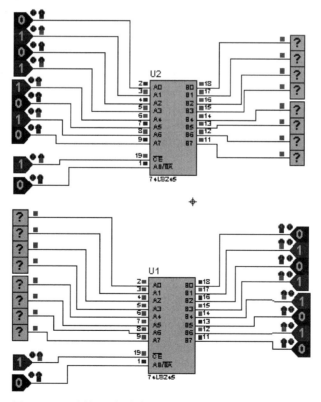

图 15-19 八同相三态总线收发器 74LS245 电路仿真结果 1

（2）向 U2 的 A7～A0 输入电平"01011010"，向 U2 的 $\overline{\text{CE}}$ 输入低电平"0"，向 U2 的 AB/$\overline{\text{BA}}$ 输入低电平"0"；向 U1 的 B7～B0 输入电平"01011010"，向 U1 的 $\overline{\text{CE}}$ 输入低电平"0"，向 U1 的 AB/$\overline{\text{BA}}$ 输入低电平"0"，单击 Proteus 图屏幕左下角的运行键，系统开始运行，出现如图 15-20 所示的八同相三态总线收发器 74LS245 芯片功能测试结果图 2。此时，U2 的 B7～B0 仍是高阻态，U1 的 A7～A0 呈"01011010"，它们是原输入数的直接输出。

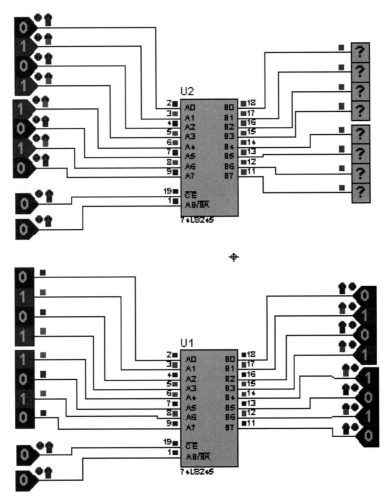

图 15-20　八同相三态总线收发器 74LS245 电路仿真结果 2

（3）向 U2 的 A7～A0 输入电平"01011010"，向 U2 的 $\overline{\text{CE}}$ 输入低电平"0"，向 U2 的 AB/$\overline{\text{BA}}$ 输入高电平"1"；向 U1 的 B7～B0 输入电平"01011010"，向 U1 的 $\overline{\text{CE}}$ 输入低电平"0"，向 U1 的 AB/$\overline{\text{BA}}$ 输入高电平"1"，单击 Proteus 图屏幕左下角的运行键，系统开始运行，出现如图 15-21 所示的八同相三态总线收发器 74LS245 芯片功能测试结果图 3。此时，U1 的 A7～A0 是高阻态，U2 的 B7～B0 呈"01011010"，它们是原输入数的直接输出。

可见，当 $\overline{\text{G}}$ 为低电平、DIR 为低电平时，数据由 B 到 A 传送；当 $\overline{\text{G}}$ 为低电平、DIR 为高电平时，数据由 A 到 B 传送。

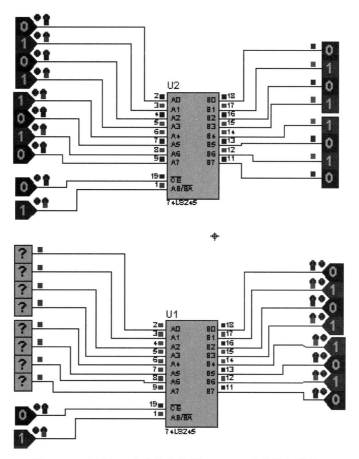

图 15-21 八同相三态总线收发器 74LS245 电路仿真结果 3

15.4 小结

本章共有 5 个实例,分别为:

(1) 八反相三态缓冲器/线驱动器 74LS240 功能测试电路;

(2) 八同相三态缓冲器/线驱动器 74LS241 功能测试电路;

(3) 四反相三态总线收发器/线驱动器 74LS242 功能测试电路;

(4) 八同相三态缓冲器/线驱动器 74LS244 功能测试电路;

(5) 八同相三态总线收发器 74LS245 功能测试电路。

在微计算机及单片机中,都有三总线,即数据总线、地址总线和控制总线。要扩充这些总线,离不开三态缓冲器/线驱动器。一般在扩充地址总线或控制总线时,要用单向的三态缓冲器/线驱动器,如 74LS240、74LS241 和 74LS244;在扩充数据总线时,要用双向的三态缓冲器/线驱动器,如 74LS242、74LS243 和 74LS245。

第16章

模拟电机运转规律控制电路

16.1 设计目的

(1) 掌握产生脉冲序列的一般方法。

(2) 熟悉移位寄存器和可逆计数器的功能。

(3) 用计数器和译码器等设计一个脉冲序列发生器。

(4) 用集成电路设计一个模拟电动机运转规律的控制器电路。要求：电动机先正转20s，停止10s，再反转20s，如此周而复始。通过"逻辑探针"调试元件 X1、X2、X3、X4、X5、X6 显示"0"或者"1"来代表电动机运转情形。当 X1、X2、X3、X4 显示"0"或者"1"时，"1"右移表示电动机正转；"1"左移表示电动机反转；"1"不动表示电动机停止。当电动机正转时，X5、X6 显示"10"；当电动机反转时，X5、X6 显示"01"；当电动机停止时，X5、X6 显示"00"。

16.2 设计原理

1. 可逆计数器

74LS190 是一种同步十进制可逆计数器，它是靠加减控制端来实现加法计数和减法计数的。其引脚排列如图 16-1 所示。其功能如表 16-1 所示。

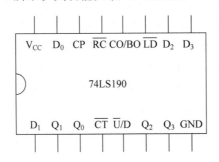

图 16-1　74LS190 可逆计数器芯片引脚排列图

表 16-1　74LS190 可逆计数器功能表

输　　　入								输　　出			
$\overline{LD}$	$\overline{CT}$	$\overline{U}/D$	CP	D_3	D_2	D_1	D_0	Q_3	Q_2	Q_1	Q_0
0	×	×	×	d_3	d_2	d_1	d_0	d_3	d_2	d_1	d_0
1	0	0	↑	×	×	×	×	加计数			
1	0	1	↑	×	×	×	×	减计数			
1	1	×	×	×	×	×	×	保持			

74LS190 的引脚说明如下:

CO/BO:进位输出/借位输出端;

CP:时钟输入端;

$\overline{CT}$:计数控制端(低电平有效);

$D_3 \sim D_0$:并行数据输入端;

$\overline{LD}$:异步并行置入控制端(低电平有效);

$Q_3 \sim Q_0$:输出端;

$\overline{RC}$:行波时钟输出端(低电平有效);

$\overline{U}/D$:加减计数方式控制端。

74LS190 的预置是异步的。当置入控制端($\overline{LD}$)为低电平时,不管时钟端(CP)状态如何,输出端($Q_3 \sim Q_0$)即可预置成与数字输入端($D_3 \sim D_0$)相一致的状态。

74LS190 的计数是同步的,靠 CP 同时加在 4 个触发器上实现。当计数控制端($\overline{CT}$)为低电平时,在 CP 上升沿作用下 $Q_3 \sim Q_0$ 同时变化,从而消除了异步计数器中出现的计数尖峰。当计数方式控制端($\overline{U}/D$)为低电平时进行加计数;当计数方式控制端($\overline{U}/D$)为高电平时进行减计数。只有在 CP 为高电平时,$\overline{CT}$ 和 $\overline{U}/D$ 才可以跳变。

74LS190 有超前进位功能。当计数上溢或下溢时,进位输出/借位输出端(CO/BO)输出一个宽度约等于 CP 脉冲周期的高电平脉冲;行波时钟输出端($\overline{RC}$)输出一个宽度等于 CP 低电平部分的低电平脉冲。

利用 $\overline{RC}$ 端可级联成 N 位同步计数器。当采用并行 CP 控制时,将 $\overline{RC}$ 接到后一级的 $\overline{RC}$;当采用串行 $\overline{RC}$ 控制时,则将 $\overline{RC}$ 接到后一级 CP。

2. 脉冲序列发生器

脉冲序列发生器能够产生一组在时间上有先后的脉冲序列,利用这组脉冲可以形成所需的各种信号。通常脉冲序列发生器由译码器和计数器构成。

用 74LS161 和 74LS138 及逻辑门产生脉冲序列。将 74LS161 接成十二进制计数器,然后接入译码器。用 74LS161 和 74LS138 及逻辑门构成的脉冲序列发生器电路如图 16-2 所示。

3. 控制器

由 74LS161、74LS138、74LS194 及与非门构成的模拟电动机运转规律的控制器如图 16-3 所示。74LS161 接成六进制计数器,与十进制计数器构成六十进制计数器,通过

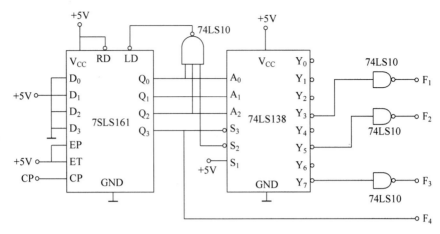

图 16-2　用 74LS161 和 74LS138 及逻辑门构成的脉冲序列发生器电路

74LS138 译码器及与非门得到控制信号,控制寄存器的工作状态,使寄存器输出端的发光二极管产生亮、灭变化,从而实现光点的移动。

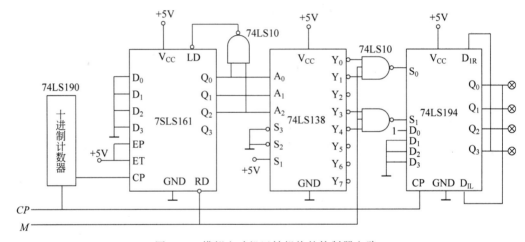

图 16-3　模拟电动机运转规律的控制器电路

16.3　用 Proteus 软件仿真

【实例 16.1】　用 74LS161 和 74LS138 及逻辑门构成的脉冲序列发生器电路如图 16-4 所示。外部脉冲信号由 CL 端输入,4 个脉冲序列输出端(U3：A、U3：B、U3：C、U4：A 的 12、6、8、13 脚)依次接虚拟示波器。

在 CL 处输入频率为 100Hz、幅度为 3V 的近似方波信号,利用 Proteus 交互仿真功能,可以测出电路的输出,如图 16-5 所示。图中第 4 个(通道 D)方波信号是输入的供比较的方波信号,图中第 1、2、3(通道 A、B、C)所显示的信号就是 3 个有等时延迟的序列信号。

【实例 16.2】　模拟电动机运转规律的控制器电路如图 16-6 和图 16-7 所示。图 16-6 是整个电路的左侧部分,图 16-7 是整个电路的右侧部分,两图由 U3(74LS138)连接起来。

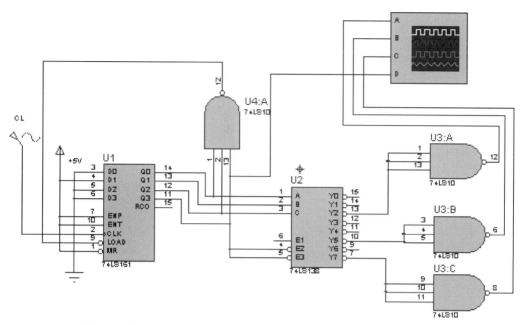

图 16-4　用 74LS161 和 74LS138 及逻辑门构成的脉冲序列发生器电路

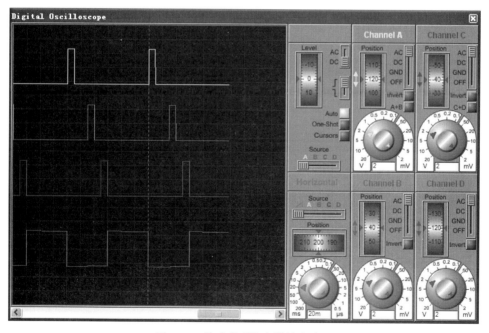

图 16-5　脉冲序列发生器输出波形

外部信号由 CL 端输入。通过"逻辑探针"调试元件 X1、X2、X3、X4、X5、X6 显示"0"或者"1"来观察电动机运转情形。当 X1、X2、X3、X4 显示"0"或者"1"时,"1"右移表示电动机正转;"1"左移表示电动机反转;"1"不动表示电动机停止。当电动机正转时,X5、X6 显示"10";电动机反转时,X5、X6 显示"01";当电动机停止时,X5、X6 显示"00"。

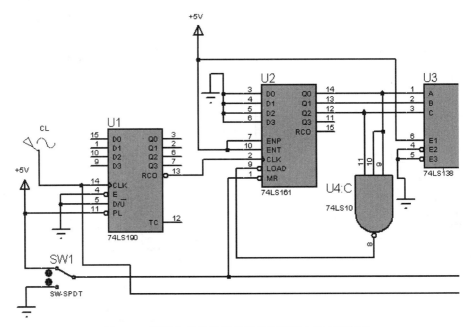

图 16-6　模拟电动机运转规律的控制器电路左侧部分

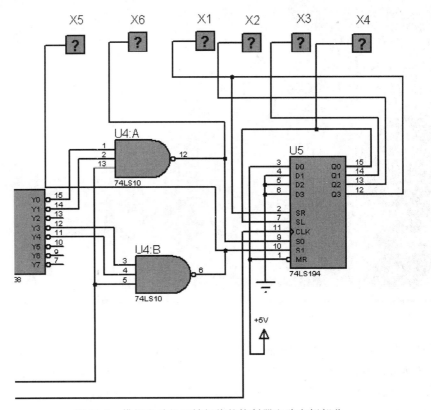

图 16-7　模拟电动机运转规律的控制器电路右侧部分

先让开关 SW1 接地,在 CL 处输入频率为 4Hz、幅度为 3V 的正弦波信号,开始仿真后,再让开关 SW1 接+5V。此时电路图上可以反映电动机的运行情形,如图 16-8 所示。图中 X5、X6 显示"01",X1、X2、X3、X4 显示"1"正在左移,表示电动机反转。仔细观察后会发现,电动机先正转 20s,停止 10s,再反转 20s,如此周而复始。如果感到"1"移动太慢,可以改变 CL 处的输入频率,比如将 4Hz 改为 10Hz。

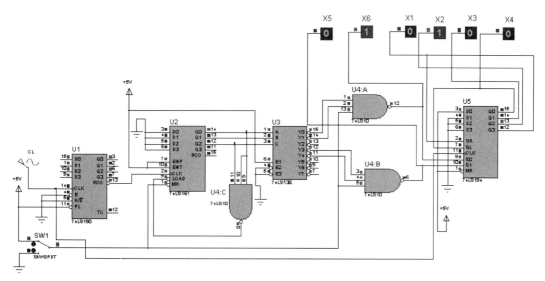

图 16-8 模拟电动机运转规律的控制器电路输出结果

16.4 小结

本章共有两个实例,分别为:

(1) 用 74LS161 和 74LS138 及逻辑门构成的脉冲序列发生器电路;

(2) 模拟电动机运转规律的控制器电路。

前面说过脉冲序列发生器有单独的集成电路芯片,也可由译码器和计数器构成。本章第一个例子就是用计数器、译码器及逻辑门构成的脉冲序列发生器电路。

第17章

智力竞赛抢答装置

17.1 设计目的

(1) 掌握数字电路 74LS373、74LS30、74LS32 和 74LS04 的功能及其使用方法。

(2) 了解两种电子抢答器的工作原理。调试及仿真简单 8 路电子抢答器电路和 8 路带数字显示电子抢答器电路。

17.2 设计原理

1. 简单 8 路电子抢答器原理

电子抢答器是竞赛问答中的必备装置。图 17-1 是由 LED 发光二极管指示的 8 路电子抢答器。其核心元件是一片 74LS373 芯片。74LS373 内含带三态输出的 8D 锁存器,每一个锁存器有一个数据输入端(D)和数据输出端(Q);锁存器允许控制端(LE)和输出允许控制端($\overline{OE}$)为 8 个锁存器公用。当 $\overline{OE}$ 为高电平时,所有输出为高阻状态。当 LE 为高电平时,Q 将随 D 变化;当 LE 为低电平时,Q 锁存 D 的输入电平。

该电路的工作原理:当开关 S1~S8 及 S9 都不按下时,D0~D7 均为高电位,由于 $\overline{OE}$ 接地,锁存器允许控制端 LE 为高电平,输出 Q0~Q7 随着 D0~D7 变化,均为高电平,8 个 LED 都不亮;当开关 S1~S8 有一个开关按下时,输入通道中则有一路 Di 接地为低电平,对应的 Qi 也为低电平,对应的 LED 指示灯发光,由此引起 74LS373 芯片的 LE 电位降低,输出被锁存(Q 不会随着 D 再发生变化);只有当 S9 键按下时,LE 恢复高电平,输出 Q0~Q7 随着 D0~D7 变化(S1~S8 均不闭合),即全为高电平,LED 指示灯熄灭,恢复至电路初始状态。

2. 8 路带数字显示电子抢答器原理

带数字显示电子抢答器可以直接用数码管显示出第一个按键人的号码,达到直观准确的效果。

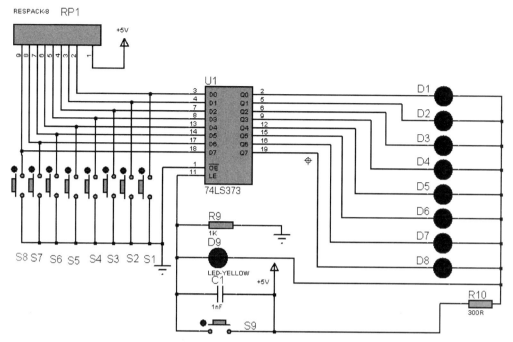

图 17-1 由 LED 发光二极管指示的 8 路电子抢答器

1）抢答器的输入电路

8 路带数字显示电子抢答器的输入电路如图 17-2 所示，输入电路包括按键开关 S1～S8、数据锁存芯片 74LS373、8 路输入与非门芯片 74LS30、或门芯片 74LS32 和非门芯片 74LS04。

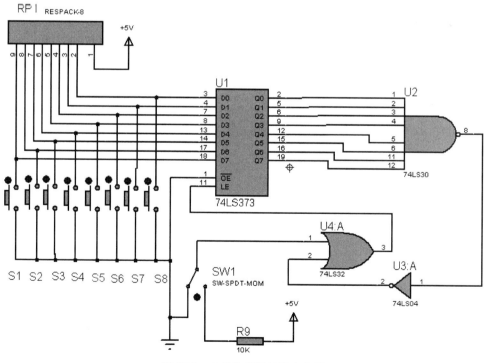

图 17-2 电子抢答器的输入电路

电子抢答器工作过程：主持人开关 SW1 接高电位时（清零），经过或门 74LS32 使 74LS373 的 LE 为高电平，74LS373 的输出不锁定；开关 S1～S8 键没有按下时，74LS373 的输入均为高电平，并反映到 74LS373 相应的输出端，此时 8 输入与非门 74LS30 的输出为低电平，经过非门 74LS04 后，变为高电平，接 74LS32。主持人将开关接地，由于或门 74LS32 的另一输入端仍为高电平，故 74LS373 的 LE 保持高电平，等待选手按下抢答开关；当开关 S1～S8 中有一个开关 Si 按下时，对应的 Di 端为低电平，Qi 端也为低电平，74LS30 的输出为高电平，经过 74LS04 反相，使得 74LS32 输出为低电平，控制端 LE 为低电平，74LS373 执行锁存功能；此时若再有键按下，锁存器的输出也不会发生变化，保证了抢答者的优先性。若要再次抢答，需要由主持人将 SW1 接至高电平（清零），开始抢答时，将总开关 SW1 接地，选手可以进行下一轮的抢答。此外，74LS30 的输出要接上 74LS48 的数码管熄灭控制端 BI。

　　2）编码、译码和显示电路

　　抢答器的编码、译码和显示电路包括 8 线-3 线八进制优先编码器 74LS148、4 位二进制全加器 74LS83 4 线-7 段译码/驱动器芯片 74LS48 和一个 7 段共阳极数码管。如图 17-3 所示。

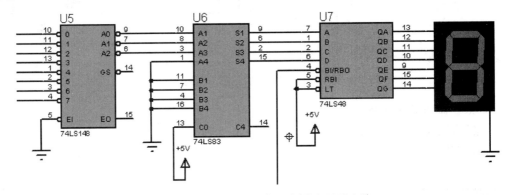

图 17-3　电子抢答器的编码、译码和显示电路

　　锁存器输出的低电平首先输入优先编码器芯片 74LS148 进行编码，二进制数的编码输入 4 线-7 段译码/驱动器芯片 74LS48，最后输入到共阳极 7 段数码管显示。由于选手的编号为 1～8，数码管显示的数字是 0～7，为解决按键号码与显示一致的问题，在编码器和译码器之间加一个 4 位全加器 74LS83。由图 17-3 可以看出，B1～B4、A4 接地；CO 接 V_{CC}，所以 A1～A3 实现加 1 的功能。

　　当选手没有按键时，74LS30 的输出为低电平，使得 74LS48 的 4 脚为低电平，因此，数码管不显示；当有选手按键时，74LS30 的输出变为高电平，使得 74LS48 的 4 脚也为高电平，数码管显示对应的数值。

3. 8D 锁存器 74LS373

　　74LS373 是一种 8 位数据锁存器，它由 8 个 D 触发器组成。8 个触发器的输入端分别接入 8 位输入数据。74LS373 芯片共有 20 个引脚，其引脚排列如图 17-4 所示。图中，1D、2D、3D、4D、5D、6D、7D、8D 为 8 个数据输入端，1Q、2Q、3Q、4Q、5Q、6Q、

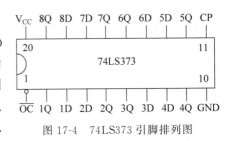

图 17-4　74LS373 引脚排列图

7Q、8Q 为 8 个数据输出端,控制端有两个: $\overline{OC}$ 和 CP, $\overline{OC}$ 为输出使能端,低电平有效; CP 为锁存脉冲端。74LS373 的逻辑功能如表 17-1 所示。

表 17-1　8D 锁存器 74LS373 的逻辑功能表

工 作 模 式	输　　　入			内部锁存器状态	输　　　出
	$\overline{OC}$	CP	Dn		Qn
使能和读锁存器 (传送模式)	L	H	L	L	L
	L	H	H	H	H
锁存和禁止输出	H	×	×	×	高阻
	H	×	×	×	高阻

表 17-1 是 74LS373 的逻辑功能表,由逻辑功能表可知,当 $\overline{OC}$ 为高电平时,不论 CP、Dn 如何变化,锁存器输出 Q 都为高阻态。当 $\overline{OC}$ 为低电平时,且时钟脉冲 CP 的高电位部分到来时,锁存器输出 Q 随 D 而变化,即 $Q=D$;如无时钟脉冲 CP 到来,无论有无输入数据信号,锁存器输出 Q 将保持原状态不变。

17.3　用 Proteus 软件仿真

【实例 17.1】　用 8D 锁存器 74LS373 构成的简单 8 路电子抢答器电路如图 17-5 所示 (此图同图 17-1)。图中 RP1 为 10kΩ 的排阻,是上拉电阻。R10＝300Ω,R9＝1kΩ,C1＝

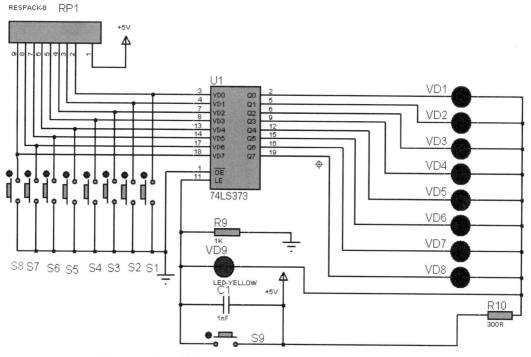

图 17-5　用 8D 锁存器 74LS373 构成的简单 8 路电子抢答器电路

1nF。电子抢答器的工作过程：当比赛开始时，8个选手快速抢答，谁按得最快，谁的 LED 指示灯亮，同时将锁存允许控制端 LE(11 脚)变为低电平，封锁其他选手的按键信号。由于电子判别的速度远高于机械速度，即使看似同时按下开关，也可以准确地判别获胜选手。主持人按下 S9 复位开关后，进行下一轮抢答。

在开关 S1～S8 及 S9 都不按下时，开始仿真，8 个发光二极管都不亮，只有 VD9 亮，提示选手可以抢答了。按下 S1～S8 中的一个键，比如按下 S2 键，发光二极管 VD2 马上点亮，VD9 熄灭。此时，再按下其他键，都没有任何变化。这表示 2 号选手(对应 S2 键)抢到了。如图 17-6 所示。若要进行下一轮抢答，可将 S9 复位开关按下，使电路恢复到初始状态，即 8 个发光二极管都不亮，只有 VD9 亮。再试验按下其他键，也是一旦按下某一键，对应的指示灯立即点亮，再按别的键都没有任何反应。

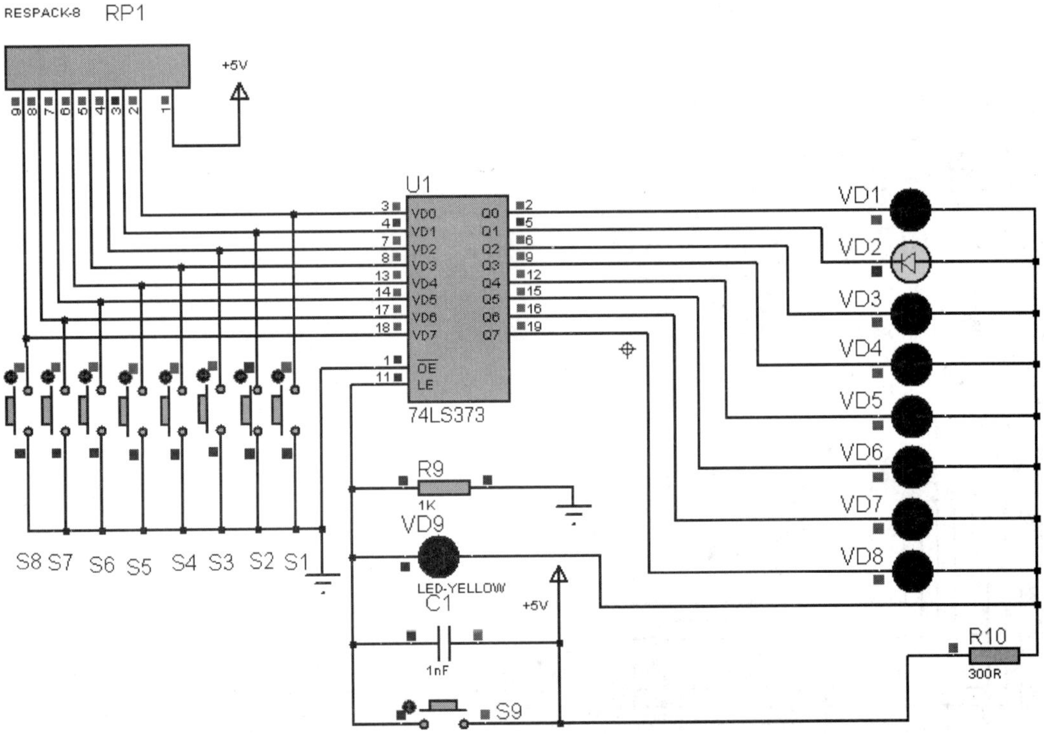

图 17-6　用 8D 锁存器 74LS373 构成的简单 8 路电子抢答器仿真结果

【实例 17.2】　用 8D 锁存器 74LS373 构成的带数字显示 8 路电子抢答器电路如图 17-7 所示。图 17-7 实际是图 17-2 和图 17-3 的集合。图 17-2 中的 74LS373 的输出 Q0～Q7 与图 17-3 中 74LS148 输入 0～7 连接；图 17-2 中的 74LS30 的输出 8 脚与图 17-3 中 74LS48 的 BI/RBO 连接。RP1 为 10kΩ 的排阻，是上拉电阻。

带数字显示的电子抢答器的工作过程与前面介绍的简单 8 路电子抢答器大致相同。当比赛开始时，8 个选手快速抢答，谁按得最快，即显示谁的编号(用 7 段数码管)，同时将锁存允许控制端 LE(11 脚)变为低电平，封锁其他选手的按键信号。主持人按下复位总开关 SW1 后，进行下一轮抢答。

在开关 S1～S8 都不按下和总开关 SW1 接高电位时，开始仿真，数码管不亮，提示选手

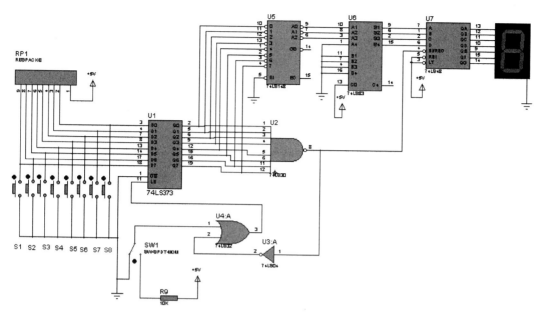

图 17-7 用 8D 锁存器 74LS373 构成的带数字显示 8 路电子抢答器电路

可以抢答了。按下 S1～S8 中的任一个键,比如按下 S3 键,数码管立即显示"3"。此时,再按下其他键,都没有任何变化。这表示 3 号选手(对应 S3 键)抢到手了,如图 17-8 所示。若要进行下一轮抢答,可将总开关 SW1 接地,再接高电位,使电路恢复到初始状态——数码管不亮。再试验按下其他键,也是一旦按下某一键,对应的数码立即显示出来,再按别的键都没有任何反应。

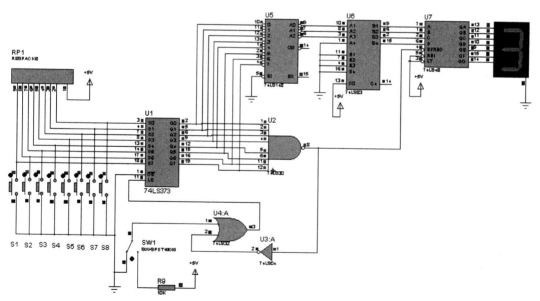

图 17-8 用 8D 锁存器 74LS373 构成的带数字显示 8 路电子抢答器仿真结果

另外,74LS30 的输出信号还可以控制发声电路,提示主持人注意。

17.4　小结

本章共有两个实例,分别为:

(1) 用 8D 锁存器 74LS373 构成的简单 8 路电子抢答器电路;

(2) 用 8D 锁存器 74LS373 构成的带数字显示 8 路电子抢答器电路。

这两种电子抢答器的工作原理差不多。区别是简单 8 路电子抢答器电路用发光二极管显示结果,8 路带数字显示电子抢答器电路用 7 段数码管显示结果。

Proteus 8.0软件用法

Proteus ISIS 是英国 Labcenter 公司开发的电路分析与实物仿真软件。它运行于 Windows 操作系统上,可以仿真、分析各种模拟器件和集成电路,该软件的特点:①实现了单片机仿真和 SPICE(Simulation Program with Integrated Circuit Emphasis)电路仿真相结合,具有模拟电路仿真、数字电路仿真、单片机及其外围电路组成的系统的仿真、RS232 动态仿真、I^2C 调试器、SPI 调试器、键盘和 LCD 系统仿真的功能;有各种虚拟仪器,如示波器、逻辑分析仪、信号发生器等。②支持主流单片机系统的仿真。目前支持的单片机类型有 68000 系列、8051 系列、AVR 系列等以及各种外围芯片。③提供软件调试功能。在硬件仿真系统中具有全速、单步、设置断点等调试功能,同时可以观察各个变量、寄存器等的当前状态,因此在该软件仿真系统中,也必须具有这些功能;还支持第三方的软件编译和调试环境,如 Keil C51 μVision2 等软件。④具有强大的原理图绘制功能。总之,该软件是一款集单片机和 SPICE 分析于一身的仿真软件,功能极其强大。

Proteus 主要由智能原理图输入系统(Intelligent Schematic Input System,ISIS)、高级布线编辑软件(Advanced Routing and Editing Software,ARES)和虚拟系统模型(Virtual System Modeling,VSM)三部分组成。ISIS 的主要功能是原理图设计,ARES 主要用于印制电路板(PCB)的设计,VSM 则实现电路原理图的交互式仿真和图表仿真。本附录介绍 Proteus ISIS 软件的原理图的设计方法和 Proteus 软件的仿真调试方法。

A.1 进入 Proteus ISIS

双击桌面上的 ISIS 8 Professional 图标或者单击屏幕左下方的"开始"→"程序"→"Proteus 8 Professional"→"Proteus 8 Professional",将出现如图 A-1(a)、(b)所示屏幕,表明进入 Proteus ISIS 集成环境。

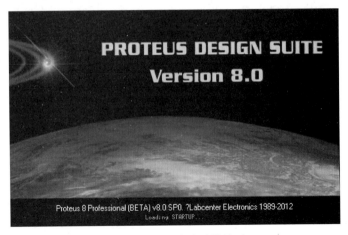

(a) Proteus 8 启动时的界面

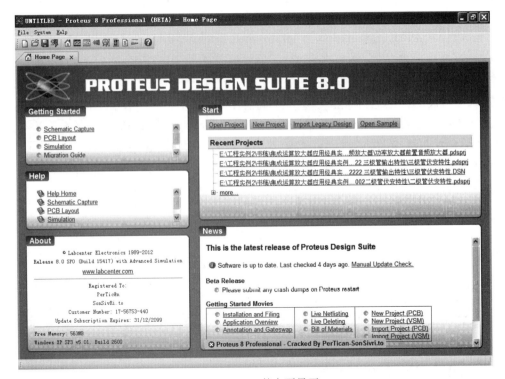

(b) Proteus 8 的主页界面

图　A-1

A.2　工作界面

Proteus ISIS 启动后，将进入工作界面。Proteus ISIS 的工作界面是一种标准的 Windows 界面，如图 A-2 所示。包括标题栏、主菜单、标准工具栏、绘图工具栏、状态栏、对象选择按钮、预览对象方位控制按钮、仿真控制按钮、预览窗口、对象选择器窗口、原理图编辑窗口。下面简单介绍各部分功能。

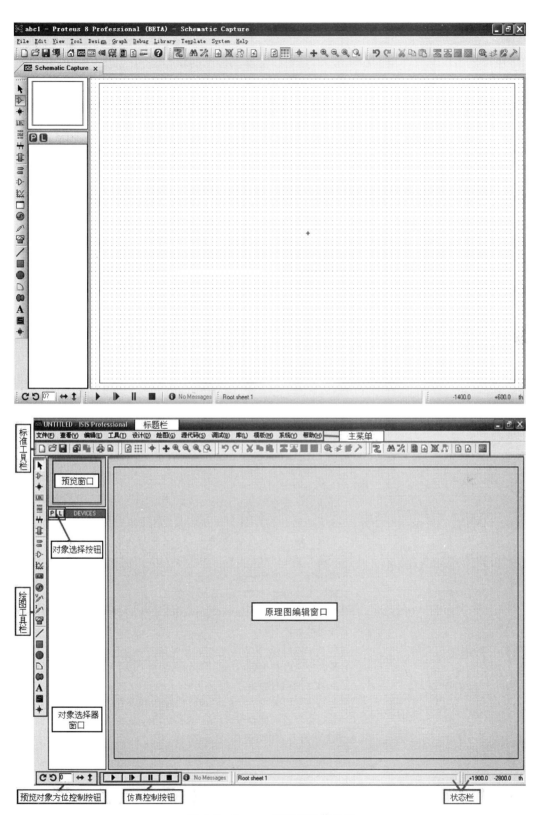

图 A-2　Proteus ISIS 的工作界面

1. 原理图编辑窗口

原理图编辑窗口占用的面积最大,是用以绘制原理图的窗口。

2. 预览窗口

预览窗口可以显示两个内容,一个是在元件列表中选择一个元件时,显示该元件的预览图;另一个是鼠标焦点落在原理图编辑窗口时,显示整张原理图的缩略图。

3. 对象选择器窗口

对象选择器窗口用来放置从库中选出的待用元器件、终端、图表和虚拟仪器等。原理图中所用元件、终端、图表和虚拟仪器等,要先从库里选到对象选择器窗口。表 A-1 给出了 Proteus 提供的所有元件分类和子类列表。

表 A-1　Proteus 提供的所有元件分类和子类列表

元 件 分 类	元 件 子 类
所有分类(All Categories)	无子类
模拟芯片(Analogy ICs)	放大器(Amplifiers) 比较器(Comparators) 显示器驱动(Display Drivers) 滤波器(Filters) 多路开关/多路复用器(Multiplexers) 稳压器(Regulators) 定时器(Timers) 基准电压源(Voltage References) 杂类(Miscellaneous)
电容(Capacitors)	可动态显示充放电电容(Animated) 音响专用电容器(Audio Grade Axial) 聚苯丙烯薄膜径向电容(Axial Lead Polypropene) 聚苯乙烯薄膜径向电容(Axial Lead Polystyrene) 陶瓷圆片电容(Ceramic Disc) 解耦圆片电容(Decoupling Disc) 铝电解电容(Electrolytic Alumininum) 普通电容(Generic) 高温径向电容(High Temperature Radial) 高温径向电解电容(High Temperature Axial Electrolytic) 金属化聚酯薄膜电容(Metallised Polyester Film) 金属化聚丙烯电容(Metallised Ploypropene) 金属化聚丙烯薄膜电容(Metallised Ploypropene Film) RF 云母电容(Mica RF Specific) 小型电解电容(Miniture Electrolytic) 多层陶瓷电容(Multilayer Ceramic) COG 材料贴片多层电容(Multilayer COG)

续表

元 件 分 类	元 件 子 类
电容(Capacitors)	NPO 材料贴片多层电容(Multilayer NPO) X5R 材料贴片多层电容(Multilayer X5R) X7R 材料贴片多层电容(Multilayer X7R) Y5V 材料贴片多层电容(Multilayer Y5V) Z5U 材料贴片多层电容(Multilayer Z5U) 多层金属化聚酯膜电容(Multilayer Metallised Polyester Film) 聚乙酯薄膜电容(Mylar Film) 镍栅电容(Nickel Barrier) 无极性电容(Non Polarized) 工业片式有机电容(Poly Film Chip) 聚乙酯层电容(Polyester Layer) 径向电解电容(Radial Electrolytic) 树脂蚀刻电容(Resin Dipped) 钽电容(Tantalum Bead) 钽片 SMD 电容(Tantalum SMD) 薄膜电容(Thin Film) 可变电容(Variable) VX 轴电解电容(VX Axial Electrolytic)
连接器(Connectors)	音频接头(Audio) D 型接头(D-Type) 双排插座(DIL) FFC/FPC 连接器(FFC/FPC Connectors) IDC 接头(IDC Headers) 插头(Header Blocks) 插座(Headers/Receptacles) 各种接头(Miscellaneous) PCB 传输接头(PCB Transfer) PCB 转接连接器/印制板连接器(PCB Transition Connectors) 带状电缆(蛇皮电缆)(Ribbon Cable) 带状 U(或 S)形连接器(Ribbon Cable/Wire Trip Connectors) 单排插座(SIL) 接线端子(Terminal Blocks) USB PCB 安装接线端子(USB PCB Mounting)
数据转换器(Data Converters)	模数转换器(A/D Converters) 数模转换器(D/A Converters) 光传感器(将光信号转换为电压信号)(Light Sensors) 采样与保持(Sample & Hold) 温度传感器(Temperature Sensors)
调试工具(Debugging Tools)	断点触发器(Breakpoint Triggers) 逻辑探针(Logic Probes) 逻辑激励源(Logic Stimulus)

元 件 分 类	元 件 子 类
二极管(Diodes)	整流桥(Bridge Rectifiers) 普通二极管(Generic) 整流二极管(Rectifiers) 肖特基二极管(Schottky) 开关二极管(Switching) 瞬态电压抑制二极管(Transient(Voltage) Suppressors) 隧道二极管(Tunnel) 变容二极管(Varicap) 稳压二极管(Zener)
ECL 10000 系列 (ECL 10000 Series)	发射极耦合逻辑门,没有子类,共有 28 个常用元器件
电动机械(Electromechanical)	各类直流和步进电动机
电感(Inductors)	固定值电感(Fixed Inductors) 多层片状电感(Multilayer Chip Inductors) 表面贴装电感(Surface Mount Inductors) 小公差的 RF 电感(Tight Tolerance RF Inductors) 普通电感(Generic) 声表面安装电感(SMT Inductors) 变压器(Transformers)
拉普拉斯模型(Laplace Primitives)	一阶模型(1st Order) 二阶模型(2st Order) 控制器(Controllers) 非线性模型(Non-Linear) 算子(Operators) 极点/零点(Poles/Zones) 符号(Symbols)
电动机(Mechanics)	星形交流三相电动机(BLDC-Star) 三角形交流二相电动机(BLDC-Triangle)
存储芯片(Memory ICs)	动态 RAM(Dynamic RAM) 电可擦除的 ROM(EEPROM) 可擦除 ROM(EPROM) I^2C 总线存储器(I^2C Memories) SPI 总线存储器(SPI Memories) 存储卡(Memory Cards) 静态 RAM(Static RAM) 1-Wire 总线的 EEPROM(UNI/O Memories)
微处理芯片(Microprocessor ICs)	68000 系列(68000 Family) 8051 系列(8051 Family) ARM 系列(ARM Family) AVR 系列(AVR Family) Parallax 公司微处理器(BASIC Stamp Modules) DSPIC33 系列(DSPIC33 Family)

续表

元 件 分 类	元 件 子 类
微处理芯片(Microprocessor ICs)	8086 系列(i86 Family) MSP430 系列(MSP430 Family) HC11 系列(HC11 Family) PIC10 系列(PIC10 Family) PIC12 系列(PIC12 Family) PIC16 系列(PIC16 Family) PIC18 系列(PIC18 Family) PIC24 系列(PIC24 Family) ARM Cortex-M3 系列(Stellaris Family) TMS320 系列(TMS320 Piccolo Family) Z80 系列(Z80 Family) CPU 外设(Peripherals)
杂项(Miscellaneous ICs)	含天线、ATA/IDE 硬盘驱动模型、单节与多节电池、串行物理接口模型、晶振、动态与通用保险、模拟电压与电流符号、交通信号灯
建模源(Modelling Primitives)	模拟仿真模型(Analog(SPICE)) 数字(缓冲器与门电路)(Digital(Buffers & Gates)) 数字(杂类)(Digital(Miscellaneous)) 数字(组合电路)(Digital(Combinational)) 数字(时序电路)(Digital(Sequential)) 混合模式(Mixed Mode) 可编程逻辑器件单元(PLD Elements) 实时激励源(Real-time(Actuators)) 实时指示器(Real-time(Indictors))
运算放大器(Operational Amplifiers)	单路运放(Single) 二路运放(Dual) 三路运放(Triple) 四路运放(Quad) 八路运放(Octal) 理想运放(Ideal) 大量使用的运放(Macromodel)
光电子类器件(Optoelectronics)	14 段数码管显示器(14-Segment Displays) 16 段数码管显示器(16-Segment Displays) 7 段数码管显示器(7-Segment Displays) 英文字符与数字符号液晶显示器(Alphanumeric LCDs) 条形显示器(Bargraph Displays) 点阵显示器(Dot Matrix Displays) 图形液晶(Graphical LCDs) 灯(Lamps) 液晶控制器(LCD Controllers) 液晶面板显示器(LCD Panels Displays) 发光二极管(LEDs) 光电耦合器(Optocouplers) 串行液晶(Serial LCDs)

元 件 分 类	元 件 子 类
具有串行下载的微处理器芯片（PICAXE）	具有串行下载的微处理器芯片（PICAXE ICs） 总共有 14 种元件
可编程逻辑电路与现场可编程门阵列（PLD ＆ FPGA）	无子分类 总共有 12 种元件
电阻（Resistors）	0.6W 金属膜电阻（0.6W Metal Film） 2W 金属膜电阻（2W Metal Film） 3W 绕线电阻（3W Wirewound） 7W 绕线电阻（7W Wirewound） 10W 绕线电阻（10W Wirewound） 表面贴片电阻（Chip Resistors） 普通电阻（Generic） 高压电阻（High Voltage） 负温度系数热敏电阻（NTC） 电阻网络（Resistor Network） 片电阻（Resistor Packs） 滑动变阻器（Variable） 正温度系数热敏电阻（PTC）
仿真源（Simulator Primitives）	触发器（Flip-Flops） 门电路（Gates） 电源（Sources）
扬声器与音响设备（Speakers ＆ Sounders）	无子分类 总共有 5 种元件
开关与继电器（Switchers ＆ Relays）	键盘（Keypads） 普通继电器（Generic Relays） 专用继电器（Specific Relays） 开关（Switches）
开关器件（Switching Devices）	双向开关二极管（DIACs） 普通开关元件（Generic） 可控硅（SCRs） 三端可控硅（TRIACs）
热离子真空管（Thermionic Valves）	二级真空管（Diodes） 三级真空管（Triodes） 四级真空管（Tetrodes） 五级真空管（Pentodes）
传感器（Transducers）	距离传感器（Distance） 湿度/温度传感器（Humidity/Temperature） 光敏电阻（Light Dependent Resistor(LDR)） 压力传感器（Pressure） 温度传感器（Temperature）
晶体管（Transistors）	双极性晶体管（Bipolar） 普通晶体管（Generic） 绝缘栅双极晶体管（IGBT） 结型场效应管（JFET） 金属-氧化物场效应晶体管（MOSFET）

续表

元 件 分 类	元 件 子 类
晶体管（Transistors）	射频横向功率管（RF Power LDMOS） 射频纵向功率管（RF Power VDMOS） 单结晶体管（Unijunction）
CMOS 4000 系列（CMOS 4000 series） TTL 74 系列（TTL 74 Series） TTL 74 增强型低功耗肖特基系列 （TTL 74ALS Series） TTL 74 增强型肖特基系列（TTL 74AS Series） TTL 74 高速系列（TTL 74F Series） TTL 74HC 系列/CMOS 工作电平 （TTL 74HC Series） TTL 74HCT 系列/TTL 工作电平 （TTL 74HCT Series） TTL 74 低功耗肖特基系列（TTL 74LS Series） TTL 74 肖特基系列（TTL 74S Series）	加法器（Adders） 缓冲器/驱动器（Buffers & Drivers） 比较器（Comparators） 计数器（Counters） 译码器（Decoders） 编码器（Encoders） 触发器/锁存器（Flip-Flop & Latches） 分频器/定时器（Frequency Dividers & Timers） 门电路/反相器（Gates & Inverters） 存储器（Memory） 杂类逻辑芯片（Misc. Logic） 数据选择器（Multiplexers） 多谐振荡器（Multivibrators） 振荡器（Oscillators） 锁相环（Phrase-Locked-Loops，PLLs） 寄存器（Registers） 信号开关（Signal Switches）

4. 模式选择工具栏

该工具栏包括主模式图标、部件图标和 2D 图形工具图标。各模式图标所具有的功能如表 A-2 所示。

表 A-2 各模式图标功能

类 别	图 标	功 能
主模式图标	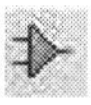	选择元件
		在原理图中放置连接点
	LBL	在原理图中放置或编辑连线标签
		在原理图中输入新的文本或者编辑已有文本
		在原理图中绘制总线
	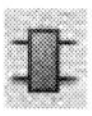	在原理图中放置子电路框图或者放置子电路元件
		即时编辑选中的元件

类　　别	图　标	功　　能
部件图标		使对象选择器列出可供选择的各种终端(如输入、输出、电源等)
	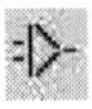	使对象选择器列出 6 种常用的元件引脚,用户也可从引脚库中选择其他引脚
	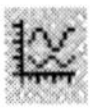	使对象选择器列出可供选择的各种仿真分析所需要的图表(如模拟图表、数字图表、A/C 图表等)
		对原理图电路进行分割仿真时采用此模式,用来记录前一步仿真的输出,并作为下一步仿真的输入
		使对象选择器列出各种可供选择的模拟和数字激励源(如直流电源、正弦激励源、稳定状态逻辑电平、数字时钟信号源和任意逻辑电平序列等)
		在原理图中添加电压探针,用来记录原理图中该探针处的电压值,可记录模拟电压值或者数字电压的逻辑值和时长
		在原理图中添加电流探针,用来记录原理图中该探针处的电压值,只能用于记录模拟电路的电流值
		使对象选择器列出各种可供选择的虚拟仪器(如示波器、逻辑分析仪、定时/计数器等)
2D图型工具图标	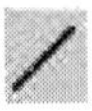	使对象选择器列出可供选择的连线的各种样式,用于在创建元件时画线或直接在原理图中画线
		使对象选择器列出可供选择的方框的各种样式,用于在创建元件时画方框或直接在原图中画方框
		使对象选择器列出可供选择的圆的各种样式,用于在创建元件时画圆或在原理图中画圆
		使对象选择器列出可供选择的弧线的各种样式,用于在创建元件时画弧线或在原理图中画弧线
		使对象选择器列出可供选择的任意多边形的各种样式,用丁在创建元件时画任意多边形或在原理图中画任意多边形
		使对象选择器列出可供选择的文字的各种样式,用于在原理图中插入文字说明
		用于从符号库中选择符号元件
		使对象选择器列出可供选择的各种标记类型,用于在创建或编辑元件、符号、各种终端和引脚时,产生各种标记图标

5. 对象方位控制按钮

对象方位控制按钮功能见表 A-3。

表 A-3　对象方位控制按钮功能

类　　别	按　　钮	功　　能
旋转按钮	↻	对原理图编辑窗口中选中的方向性对象以 90°间隔顺时针旋转（或在对象放入原理图之前）
	↺	对原理图编辑窗口中选中的方向性对象以 90°间隔逆时针旋转（或在对象放入原理图之前）
编辑框	□	该编辑框可直接输入 90°、180°、270°,逆时针旋转相应角度改变对象在放入原理图之前的方向,或者显示旋转按钮对选中对象的角度值
镜像按钮	↔	对原理图编辑窗口中选中的对象或者放入原理图之前的对象以 Y 轴为对称轴进行水平镜像操作
	↕	对原理图编辑窗口中选中的对象或者放入原理图之前的对象以 X 轴为对称轴进行垂直镜像操作

6. 仿真控制按钮

仿真控制按钮功能见表 A-4。

表 A-4　仿真控制按钮功能

类　　别	按　　钮	功　　能
仿真控制按钮	 ▶	开始仿真
	 ▐▶	单步仿真,单击该按钮,则电路按预先设定的时间步长进行单步仿真,如果选中该按钮不放,电路仿真一直持续到松开该按钮
	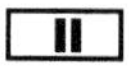 ‖	可以暂停或继续仿真过程,也可以暂停仿真之后以单步仿真形式继续仿真,程序设置断点之后,仿真过程也会暂停,可以单击该按钮,继续仿真
	 ■	停止当前的仿真过程,使所有可动状态停止,模拟器不占用内存

A.3　Proteus ISIS 电路原理图设计

Proteus 软件可用于模拟电路仿真和数字电路仿真,以下例子虽属数字电路,其方法完全适用于模拟电路。现在以十进制同步可逆计数器 74LS190 功能测试电路原理图为例,说明 Proteus 电路原理图画法,如图 A-3 所示。

1. 新建设计文件

在图 A-1(b)中执行"File(文件)"→"New Project(新建项目)"命令,弹出"New Project Wizard：Start"窗口,如图 A-4(a)所示。在"Name"后,输入项目文件名："abc1";在"Path"后,输入项目文件所在路径,如图 A-4(b)所示。单击"Next"按钮,将弹出"New Project Wizard：Schematic Design"窗口,如图 A-4(c)所示。从中选择"DEFAULT"模板,单击"Next"按钮,将弹出"New Project Wizard：PCB Layout"窗口,如图 A-4(d)所示。照图中样子选择后,单击"Next"按钮,将弹出"New Project Wizard：Firmware"窗口,如

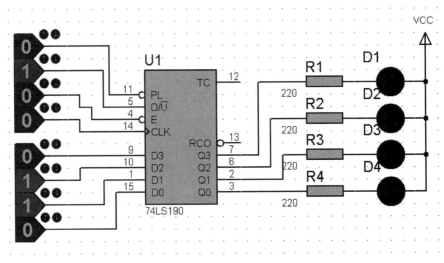

图 A-3 十进制同步可逆计数器 74LS190 功能测试电路原理图

图 A-4(e)所示。照图中样子选择后，单击"Next"按钮，将弹出"New Project Wizard：Summary"窗口，如图 A-4(f)所示。单击"Finish(完成)"按钮，将弹出 Proteus 8 原理图编辑窗口，如图 A-4(g)所示。新建的项目文件自动保存为"abc1.pdsprj"。文件的扩展名为"pdsprj"，如图 A-5 所示。

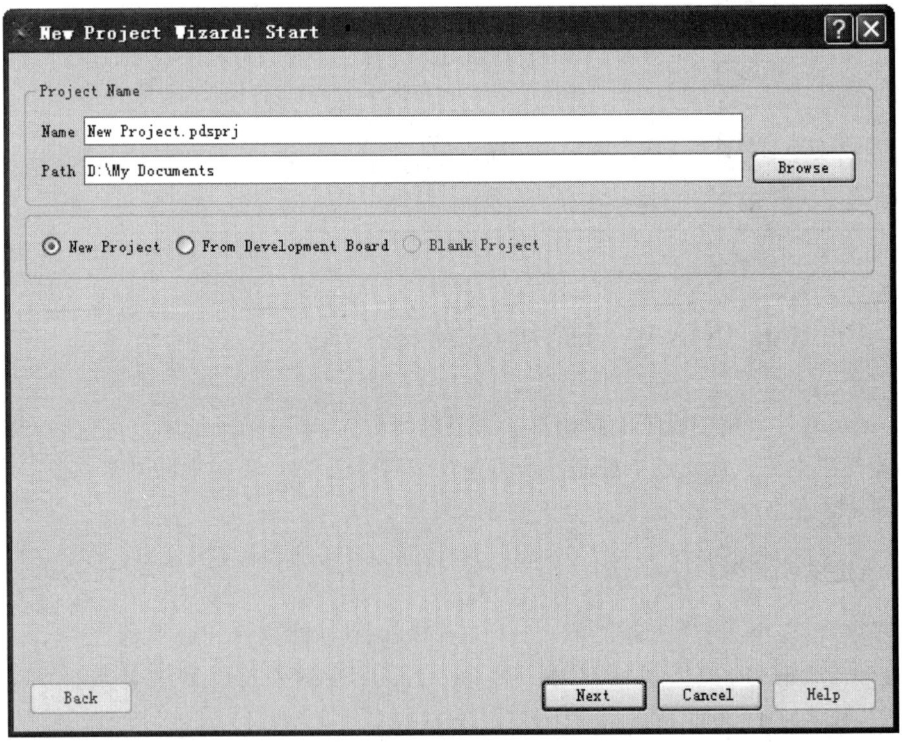

(a) "New Project Wizard：Start"窗口 1

图 A-4

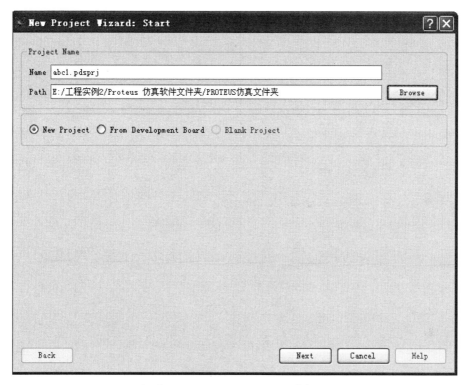

（b）"New Project Wizard：Start"窗口 2

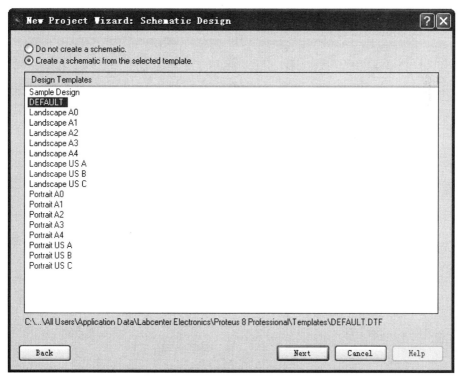

（c）"New Project Wizard：Schematic Design"窗口

图　A-4（续）

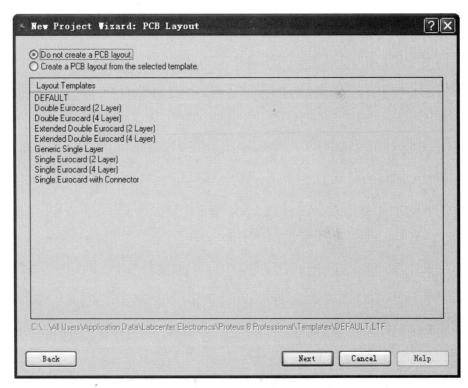

（d）"New Project Wizard：PCB Layout"窗口

（e）"New Project Wizard：Firmware"窗口

图　A-4（续）

(f) "New Project Wizard：Summary"窗口

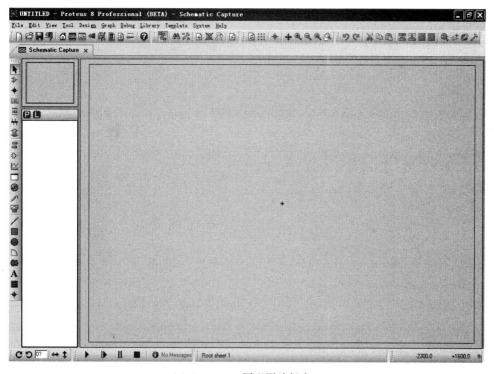

(g) Proteus 8 原理图编辑窗口

图 A-4(续)

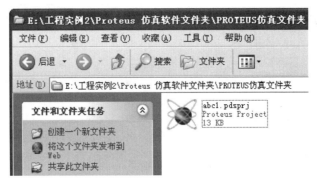

图 A-5　文件自动保存为"abc1.pdsprj"

2. 元件选择

在画原理图之前,应将图中所用元件从库中选择出来。同一个元件不管图中用多少次,只取一次。从库中选择元件时,可输入所需元件的全称或者部分名称,元件拾取窗口可以进行快速查询。为了快速选取元件,可以到前面已给出的表 A-1 Proteus 提供的所有元件分类和子类列表中查找。

单击图 A-2 中对象选择器窗口上方的"P"按钮,弹出如图 A-6 所示的"Pick Devices"对话框。

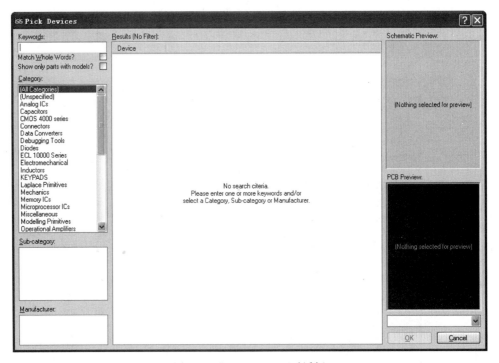

图 A-6　"Pick Devices"对话框

1) 添加 74LS190

在图 A-6"Pick Devices"对话框"Keywords(关键字)"文本框中,输入"74LS190",然后

从"Results(结果)"列表中选择所需要的型号。此时在元件的预览窗口中分别显示出元件的原理图和封装图,如图 A-7 所示。单击"OK"按钮或直接双击"结果"列表中的"74LS190"都可将选中的元件添加到对象选择器。

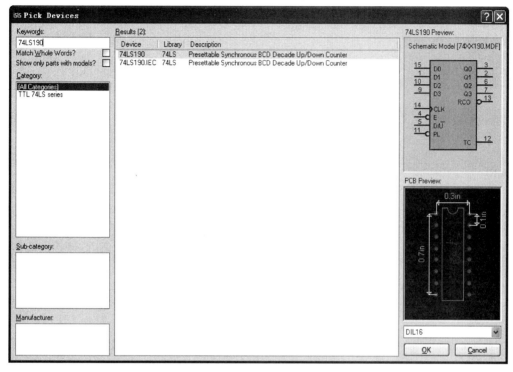

图 A-7　添加 74LS190

2) 添加发光二极管

打开"Pick Devices"对话框,在"Keywords(关键字)"文本框中输入"led-yellow"(黄色),"Results(结果)"列表中第一个就是黄色发光二极管,如图 A-8 所示。双击该器件,将其添加到对象选择器。

3) 添加电阻

打开"Pick Devices"对话框,在"Keywords(关键字)"文本框中输入"resistors 220r","Results(结果)"列表中出现多只电阻,如图 A-9 所示。在"结果"列表中双击"220R 0.6W…"电阻,将其添加到对象选择器。

4) 添加"逻辑状态"调试元件

打开"Pick Devices"对话框,在"Keywords(关键字)"文本框中输入"LOGIC","Results(结果)"列表中出现多只调试元件,如图 A-10 所示。在"结果"列表中双击"LOGICSTATE …"项,将其添加到对象选择器。

至目前为止,对象选择器中已有 4 个元件,这 4 个元件就是本例中涉及的元件——计数器(74LS190)、黄色发光二极管(LED-YELLOW)、0.6W220Ω 电阻(MINRES220R)和"逻辑状态"调试元件(LOGICSTATE),如图 A-11 所示。

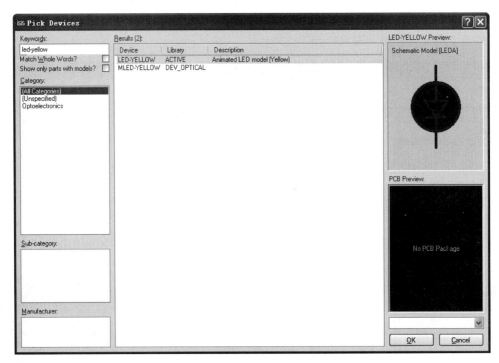

图 A-8　添加黄色发光二极管

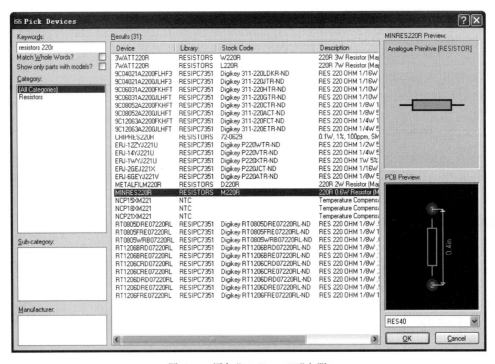

图 A-9　添加"220R 0.6W"电阻

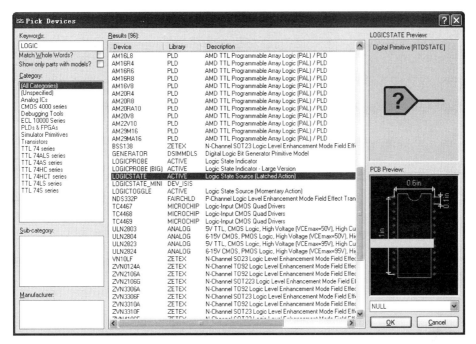

图 A-10　添加"逻辑状态"调试元件

3. 放置元件

1）先放置计数器 74LS190

放置元件是将对象选择器中的元器件放到原理图编辑区。在对象选择器中单击"74LS190",然后将光标移入原理图编辑区,在任意位置单击,即可出现一个随光标浮动的元件原理图符号。移动光标到适当的位置单击,即可完成该元件的放置,如图 A-12 所示。

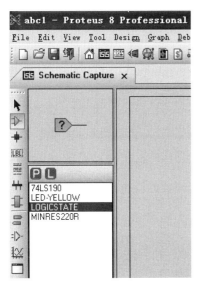

图 A-11　对象选择器中的元件列表

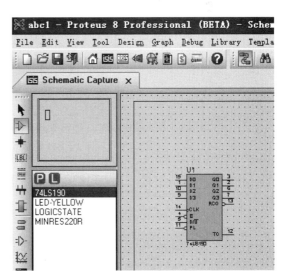

图 A-12　放置好的计数器 74LS190 符号

2）元件的移动、旋转和删除

右击计数器 74LS190，弹出如图 A-13 所示的快捷菜单。此快捷菜单中有移动、以各种方式旋转和删除等命令。根据需要用这些命令把元件以适当的姿态放到图中适当位置，本例中 74LS190 只需移到适当的位置即可。

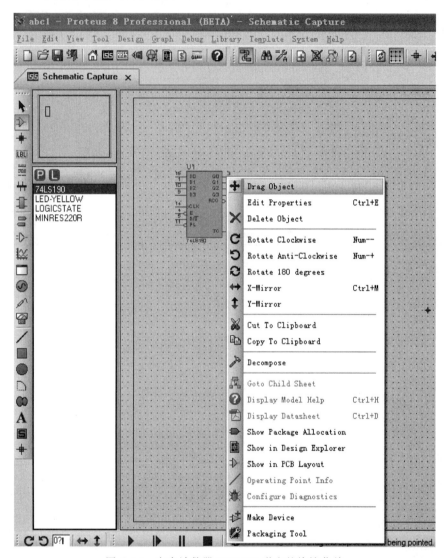

图 A-13　右击计数器 74LS190 弹出的快捷菜单

用类似的方法可以把发光二极管、电阻和"逻辑状态"调试元件也以适当的姿势放置到图中适当的位置。

4. 放置电源和地

单击部件工具箱中的终端按钮 ，则在对象选择器中显示各种终端。从中选择"POWER"终端，可在预览窗口中看到电源的符号，如图 A-14 所示。

用上面介绍过的方法将此符号放到原理图的适当位置。需要"地"的符号时，则选

"GROUND"项。在电源终端符号上双击,在弹出的"Edit Terminal Label"对话框"String"文本框中输入"VCC",如图 A-15 所示。最后单击"OK"按钮完成电源终端的放置。

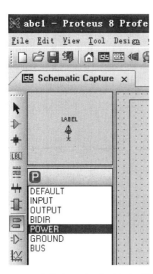

图 A-14 预览窗口中看到电源的符号

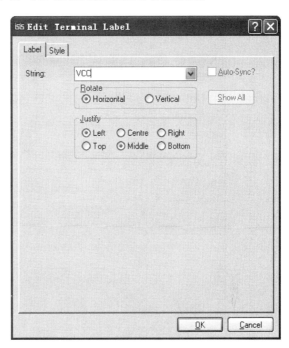

图 A-15 电源符号的放置

5. 连线

将光标靠近一个对象的引脚末端,该处将自动出现一个红色小方块。单击并拖动鼠标,放在另一个对象的引脚末端,该处再出现一个红色小方块 时,再单击,就可以在上述两个引脚末端画出一根连线来。如在拖动鼠标画线时需要拐弯,只需在拐弯处单击即可。连线工作完成后的电路原理图如图 A-16 所示。

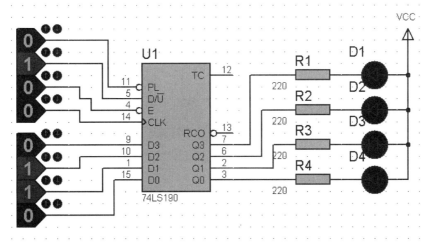

图 A-16 连线工作完成后的电路原理图

6. 设置、修改元件属性

在需要修改其属性的元件上双击，即可弹出"Edit Component(编辑元件)"对话框，在此对话框中设置或修改元件属性。例如，要修改图中 R1 电阻的阻值为 470R，如图 A-17 所示。

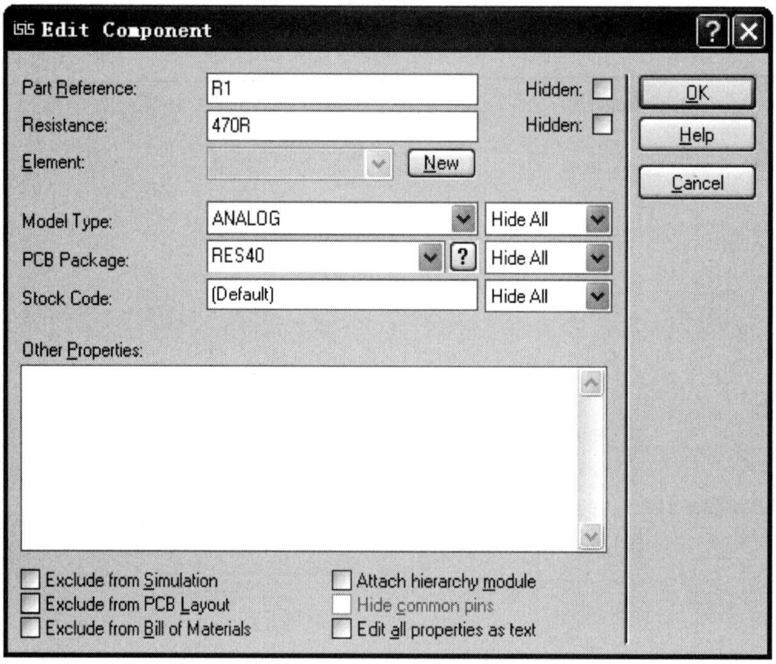

图 A-17　修改元件属性

7. 电器规则检查

设计完电路原理图后，执行"Toll(工具)"→"Electrical Rules Check(电气规则检查)"命令，则弹出如图 A-18 所示的电气规则检查结果对话框，如果电气规则无误，则系统会给出"No ERC errors found"的信息。如果电气规则有误，则系统会给出"ERC errors found"的信息，并指出错误所在。图 A-18 给出"No ERC errors found"的信息，表明电气规则无误。

8. 仿真运行

电路原理图画好并检查通过后，就可以仿真运行。单击图形左下方 4 个仿真按钮中的第一个运行仿真按钮▶，系统会启动仿真，仿真效果如图 A-19 所示。

9. 文件的保存

电路原理图画完后应保存起来，如果在前面已输入了保存文件名(其扩展名是 pdsprj)，执行"Files(文件)"→"Save Project(保存设计)"命令即可，或者单击保存图标■。

至此，完成了一个简单的原理图的设计。

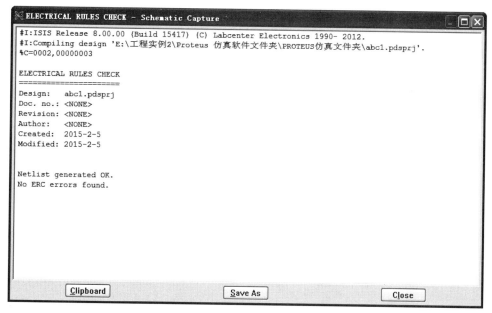

图 A-18　电气规则检查结果对话框

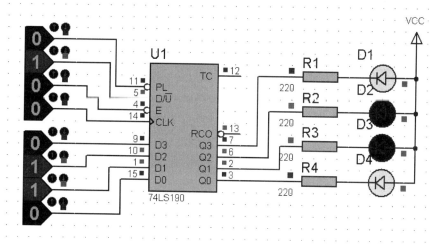

图 A-19　十进制同步可逆计数器 74LS190 功能测试效果图

A.4　Proteus ISIS 原理图设计中若干注意事项

1. 设定图纸大小

在画图之前,一般要设定图纸大小。Proteus ISIS 默认的图纸尺寸是 A4。如要改变这个图纸尺寸,比如要改为 A3,可执行"System(系统)"→"Set Sheet Size(设置图纸大小)"命令,在弹出的"Sheet Size Configuration"对话框内 A3 后的复选框中,单击选中"A3",之后单击"OK"按钮即可,如图 A-20 所示。

2. 设定网格单位和如何去掉网格

如图 A-21 所示,执行"View(查看)"→"Snap 0.1in"命令,可将网格单位设定为 100th (0.1in＝100th)。若需要对元件作更精确的移动,可将网格单位设定为 50th 或 10th。

有时候,画好的原理图中不需要看到网格,如何去掉网格呢?很简单,只需在图 A-21 中,单击"⊞网格",原理图中就看不到网格了。当然,再单击"⊞网格",就又看到网格了。

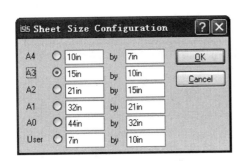

图 A-20　图纸尺寸选择对话框

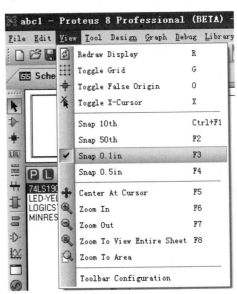

图 A-21　网格单位的设定

3. 如何去掉图纸上的< TEXT >

画好原理图后,图纸上所有元件的旁边都会出现< TEXT >,这时可执行"Template(模板)"→"Set Design Defaults(设置设计默认值)"命令,在打开的"Edit Design Defaults"窗口中将"Show hidden text(显示隐藏文本)?"后面的勾选取消,再单击窗口中的"OK"按钮,即可快速隐藏所有< TEXT >。

4. 电路原理图画好后,如何去掉对象选择器中不用的元件

在设计电路原理图的过程中,有时对象选择器中多选了元件,画图时并没有用;或者之前用过,后来删掉了。现在想把这些未用的元件从对象选择器中去掉,有两种办法:一种方法是一个一个地去掉。把光标移到对象选择器中待删元件名称上并右击,在弹出的快捷菜单中选择"Delete(删除)",再单击"OK"按钮就把待删元件删除了。另一种方法是批量删除。把光标移到对象选择器中空白处并右击,在弹出的快捷菜单中选择"Tidy(整理)",再单击"OK"按钮就把对象选择器中所有不用的元器件同时删除了,如图 A-22 所示。

5. 如何用新元件代替电路原理图中的旧元件

电路原理图画好后,有时出于调试的需要,要把某一元器件换掉。方法:从对象选择器

中选取新元件,移动鼠标,使新元件跟着移动,放到待更换的旧元件上面,使两者上下左右都对齐,单击并在弹出的窗口内单击"OK"按钮,新元件就把电路原理图中的旧元件代替了。假如要用如图 A-23 所示的芯片 74LS161 替换如图 A-24 所示原理图中的 74LS160,先把 74LS161 放在 74LS160 的背上并对齐,单击并在弹出的图 A-25 所示的"Replace Component(替换器件)?"窗口内单击"OK"按钮,即替换完成。有一点要注意:在替换之前,代换元器件的引脚排列要和被代换元器件一致。另外,ISIS 在替换元件的同时将保留电路替换前的连线方式。

图 A-22　对象选择器中弹出的对话框

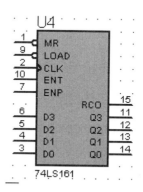

图 A-23　74LS161

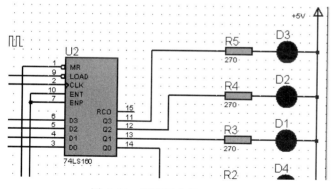

图 A-24　原理图中的 74LS160

图 A-25　"Replace Component
(替换器件)?"窗口

A.5　Proteus VSM 仿真工具简介

通过 Proteus ISIS 软件的 VSM(虚拟仿真技术),用户可以对模拟电路、数字电路以及单片机系统连同所有外围接口电路一起仿真。为了达到这一目的,Proteus ISIS 软件配备了探针、虚拟仪器、信号源(又称激励源)和仿真图表等仿真工具。以下对这些仿真工具作简要介绍。

1. 探针

探针共有 3 种,即电压探针、电流探针和磁带探针。探针在电路仿真时用来记录它所连接的网路的状态。

2. 虚拟仪器

虚拟仪器共有 13 种,即示波器(Oscilloscope)、逻辑分析仪(Logic Analyser)、定时器/计数器(Counter/Timer)、虚拟终端(Virtual Terminal)、SPI 调试器(SPI Debugger)、I^2C 调试器(I^2C Debugger)、信号发生器(Signal Generator)、模式发生器(Pattern Generator)、直流电压表(DC Voltmeter)、直流电流表(DC Ammeter)、交流电压表(AC Voltmeter)、交流电流表(AC Ammeter)和功率计(Wattmeter)。

3. 信号源

激励源(又称激励源)共有 14 种,即直流电压源(DC)、正弦信号源(SINE)、脉冲信号源(PULSE)、指数波形信号源(EXP)、频率调制信号(SFFM)、手工勾画任意波形(PWLIN)、数据文件波形(FILE)、声频信号发生器(AUDIO)、数字单稳态逻辑电平发生器(DSTATE)、单边沿信号发生器(DEDGE)、单周期数字脉冲发生器(DPULSE)、数字时钟信号发生器(DCLOCK)、数字序列信号发生器(DPATTERN)和可定义波形的信号发生器(SCRIPTABLE)。

4. 仿真图表

仿真图表共有 13 种,即模拟图表(ANALOGUE)、数字图表(DIGITAL)、混合模式图表(MIXED)、频率图表(FREQUENCY)、转移特性分析图表(TRANSFER)、噪声分析图表(NOISE)、失真分析图表(DISTORTION)、傅里叶分析图表(FOURIER)、音频图表(AUDIO)、交互式分析图表(INTERACTIVE)、一致性能分析图表(CONFORMANCE)、直流扫描分析图表(DC SWEEP)和交流扫描分析图表(AC SWEEP)。

下面选择几种常见的仿真工具进行简要介绍。

1. 示波器(Oscilloscope)

示波器是虚拟仪器的一种。单击工具栏中的"虚拟仪器"按钮,在弹出的"INSTRUMENTS"窗口中单击"Oscilloscope",再在电路原理图编辑窗口中单击,添加示波器,虚拟示波器图标如图 A-26 所示。将示波器和被测点连接好,并单击"运行"按钮后,将弹出虚拟示波器界面,如图 A-27 所示。

1) 示波器的功能

(1) 4 通道 A、B、C、D,波形分别用黄、蓝、红、绿表示。

(2) $20\sim2mV/div$ 的可调增益。

(3) 扫描速度为 $200\sim0.5\mu s/div$。

(4) 可选择 4 通道中的任一通道作为同步源。

(5) 交流或直流输入。

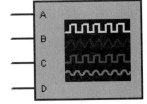

图 A-26　虚拟示波器图标

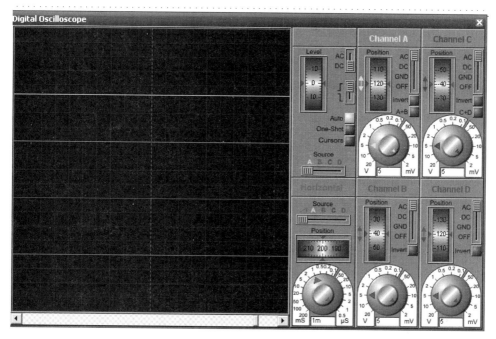

图 A-27　虚拟示波器界面

2）示波器的应用

虚拟示波器和真实示波器的使用方法类似。

（1）按照电路属性设置扫描速度，用户可以看到所测量电路的波形。

（2）如果被测信号有交流分量，则在相应的输入通道选择"AC（交流）"工作方式。

（3）调整增益，以便在示波器上显示适当大小的波形。

（4）调节垂直位移滑轮，以便在示波器上显示适当位置的波形。

（5）拨动相应的通道定位选择按钮，再调节水平定位和垂直定位，以便观察波形。

3）示波器的工作方式

虚拟示波器有三种工作方式：

（1）单踪工作方式；

（2）双踪工作方式；

（3）叠加工作方式。

4）示波器的触发

虚拟示波器具有自动触发功能，使得输入波形可以和时基同步。

（1）可以在 A、B、C、D 4 个通道中选择任一通道作为触发器。

（2）触发旋钮的刻度表是 360°循环可调，以方便操作。

（3）每个输入通道可以选择"DC（直流）""AC（交流）""接地"三种方式，并可选择"OFF"将其关闭。

（4）设置触发方式为"上升"时，触发范围为上升的电压；设置触发方式为"下降"时，触发范围为下降的电压。如果超过一个时基的时间内没有触发发生，将会自动扫描。

2. 电压表（Voltmeter）和电流表（Ammeter）

Proteus ISIS 提供了直流电压表（DC Voltmeter）、直流电流表（DC Ammeter）、交流电压表（AC Voltmeter）和交流电流表（AC Ammeter）。这些虚拟的交、直电压表和电流表可直接连接到电路中进行电压或电流的测量。

电压表和电流表的使用步骤如下：

（1）单击工具栏中的"虚拟仪器"按钮![icon]，在弹出的"INSTRUMENTS"窗口中单击"DC Voltmeter""DC Ammeter""AC Voltmeter"或"AC Ammeter"，再在电路原理图编辑窗口中单击，将电压表和电流表添加到原理图编辑窗口中，如图 A-28 所示。根据需要将电压表和电流表和被测电路连接好。

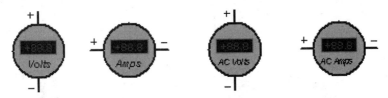

图 A-28　虚拟交直流电压表和电流表

（2）双击电压表或电流表，打开电压表和电流表编辑对话框，如图 A-29 所示。这里是一个直流电压表编辑对话框。根据测量要求，设置相应选项。

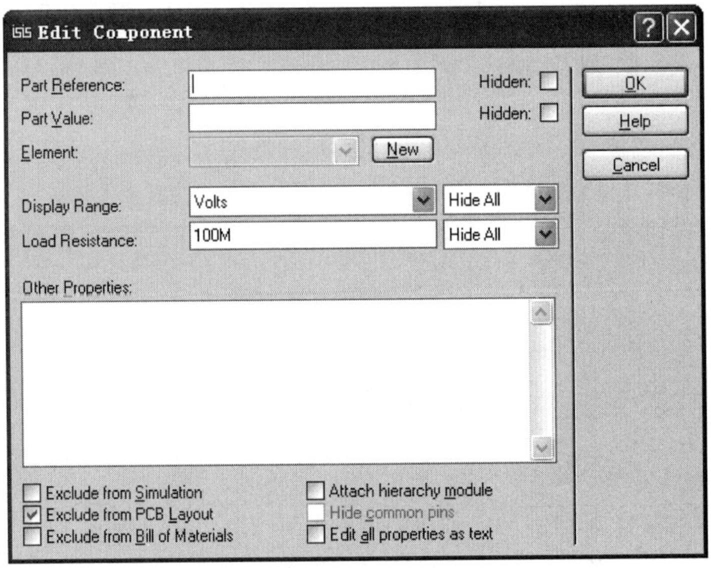

图 A-29　直流电压表编辑对话框

选择不同的电压表或电流表时，其对话框也有所不同，如编辑直流电压表有"设置内阻"一项，编辑直流电流表就没有；编辑交流电压表有"时间常数（Time Constant）"一项，直流电压表就没有，等等。电压表的显示单位有伏特（Volts）、毫伏（Millivolts）和微伏（Microvolts），电流表的显示单位有安培（Amps）、毫安（Milliamps）和微安（Microamps）。

（3）退出编辑对话框，单击"仿真"按钮，即可进行电压或电流的测量。

A.6 用 Proteus 软件测试数字集成电路的方法

假设我们现在要使用一个陌生的数字集成电路芯片,采用传统的测试数字集成电路功能的方法时按照以下步骤:①使用集成电路前,了解该集成电路的功能、内部结构、电特性、外形封装以及功能表或真值表等(必要时从网上下载详细介绍该芯片性能的说明文件),使用时各项电性能参数不得超出该集成电路所允许的最大使用范围;②购买该数字集成电路芯片,画出测试该数字集成电路基本特性的电路原理图,在面包板或印制电路板上照图搭出实际电路,加上直流电源,还需要万用表、示波器和信号发生器等测试仪器的配合才能完成对该数字集成电路芯片的性能测试;③把该数字集成电路芯片应用到开发的系统中。

若采用 Proteus 软件测试数字集成电路,上述步骤②就可以简化。具体说来是这样:无须一开始就购买数字集成电路芯片,只需在 Proteus 软件环境下,画出测试该数字集成电路基本特性的电路原理图,再通过单击设定数字集成电路高低电平的输入,立即就可显示该数字集成电路应有的输出。这种方法调试还有一大优点,即无需实际的万用表、示波器和信号发生器等测试仪器的配合,利用计算机上的虚拟示波器、虚拟信号发生器和虚拟电流电压表就可以了。这种调试方法方便、迅速,虽属"纸上谈兵",但调试效果却并不比用"真刀真枪"调试差。以下举几个例子说明测试数字集成电路功能的步骤和方法:

(1) 8 输入与非门 CD4068 功能测试;

(2) 多路模拟开关 CD4066 功能测试;

(3) 十进制同步可逆计数器 74LS190 功能测试。

A.6.1 8 输入与非门 CD4068 功能测试

1. CD4068 简介

查阅数字集成电路手册,可知 CD4068 是 CMOS 4000 系列集成电路中 8 输入与非/与门电路,其逻辑表达式为: $Y = \overline{ABCDEFGH}$, $W = ABCDEFGH$ 。

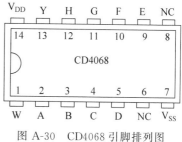

图 A-30 CD4068 引脚排列图

CD4068 的引脚排列如图 A-30 所示。用 Proteus 绘制的 CD4068 芯片功能测试图如图 A-31 所示。

在绘制图 A-31 时,首先要做的是把 CD4068 芯片从元件库中选择出来。方法是:单击对象选择器窗口上方的"P"按钮,弹出"Pick Devices"对话框。在对话框"类别"下选择"CMOS 4000 series"项,会显示 CMOS 4000 系列的芯片列表,从列表中找到"4068"项,双击,"4068"芯片就被选到对象选择器中了,如图 A-32 所示。

接下来,将图中需要的"逻辑状态"调试元件"▮▶——"或"◀▮——"和"逻辑探针"调试元件"——▮?"选到对象选择器中。方法是:单击对象选择器窗口上方的"P"按钮,弹出"Pick Devices"对话框。在对话框"类别"下选择"Debugging Tools"项,即会显示调试工具列表,从列表中找到"LOGICPROBE[BIG]"项,双击,"LOGICPROBE[BIG]"就被选到对象选择器

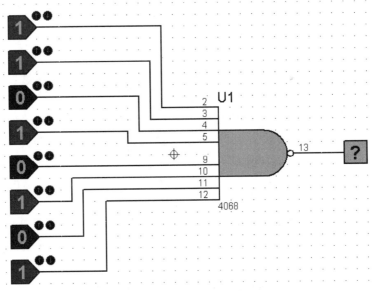

图 A-31　CD4068 芯片功能测试图

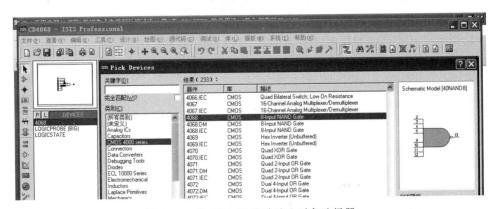

图 A-32　把 CD4068 芯片选入对象选择器

中了。用同样的方法，可以把"LOGICSTATE"选到对象选择器中，如图 A-33 所示。此外，在图 A-33 中的"关键字"文本框中输入"LOGIC"，在结果栏也可以找到"LOGICPROBE〔BIG〕"和"LOGICSTATE"这两个调试工具。

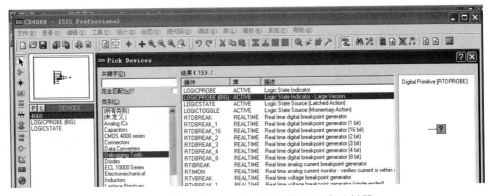

图 A-33　把 LOGICPROBE〔BIG〕选入对象选择器

　　把图中要用的元件选到对象选择器后,用前面已介绍过的方法,将这些元件一一搬到图形编辑区适当位置,放置时要用移动、以各种方式旋转和删除等命令调整好元件的姿态。最后,用线把这些元件连接起来,CD4068芯片功能测试图就绘制完成了,如图A-31所示。

2. CD4068芯片功能测试

　　CD4068芯片功能测试就是检测8输入与非门电路的输入和输出关系。首先,给如图A-34所示8个输入端加不同的电平——只要在"逻辑探针"调试元件上单击,"逻辑探针"就会由红(1,代表高电位)变蓝(0,代表低电位)或由蓝变红,然后单击Proteus图屏幕左下角的运行键,系统开始运行,出现如图A-35所示的CD4068芯片功能测试结果图1。CD4068芯片的输出为高电位"1"。再给CD4068芯片的8个输入端输入不同的电平,发现输出不变,仍为高电位"1"。

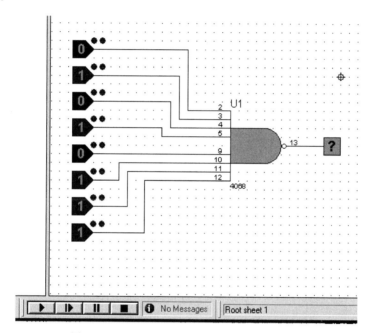

图A-34　CD4068芯片功能测试图及仿真按钮

　　只有向CD4068芯片的8个输入端全输入高电平时,输出才为低电位"0",如图A-36所示。

3. 小结

　　根据对8输入与非门电路CD4068芯片功能测试,确定:CD4068的8个输入端只要有一个输入低电平,输出就为高电平。只有所有8个输入端都输入高电平,输出端才能输出低电平"0"。另外,CD4068的Proteus图上只有8输入与非门Y,而没有8输入与门W,实际的CD4068芯片上Y和W是都有的。

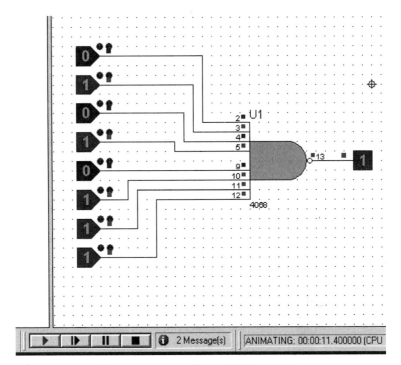

图 A-35　CD4068 芯片功能测试结果图 1

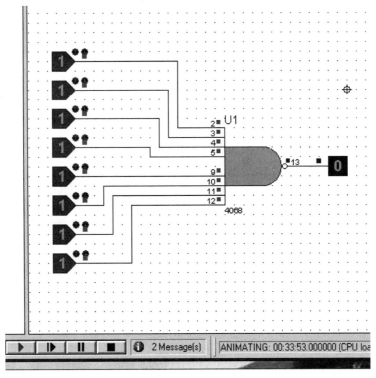

图 A-36　CD4068 芯片功能测试结果图 2

A.6.2　多路模拟开关 CD4066 功能测试

1. CD4066 简介

CD4066 是 CMOS 4000 系列集成电路中一种四双向模拟开关,其内部有 4 个独立的模拟开关,每个模拟开关有输入、输出、控制 3 个端口,其中输入端和输出端可互换。当控制端加高电平时,开关导通;当控制端加低电平时开关截止。模拟开关导通时,导通电阻为几十欧姆;模拟开关截止时,呈现很高的阻抗,可以看成为开路。CD4066 的引脚排列如图 A-37 所示。图中 1I/O、2I/O、3I/O、4I/O 为 4 个输入端,1O/I、2O/I、3O/I、4O/I 依次为 4 个对应输出端,1CTL、2CTL、3CTL、4CTL 依次为四个控制端。

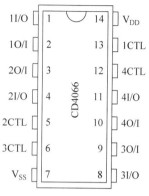

图 A-37　CD4066 引脚排列图

用 Proteus 绘制的 CD4066 芯片功能测试图如图 A-38 所示。图中芯片的引脚名称与图 A-37 CD4066 引脚名称不同,这里 X 为输入端,Y 为输入端,C 为控制端。图中 U2：A、U2：B、U2：C、U2：D 就是 4 个电子模拟开关。CD4066 的 4 个 X 脚和 4 个控制端 C 都与"逻辑状态"调试元件"**1**—"或"**0**—"连接,CD4066 的 4 个 Y 脚通过限流电阻分别和 4 个发光二极管负极连接。4 个发光二极管正极和正电源连接。当 Y 端输出低电位时,与之连接的发光二极管就会点亮。

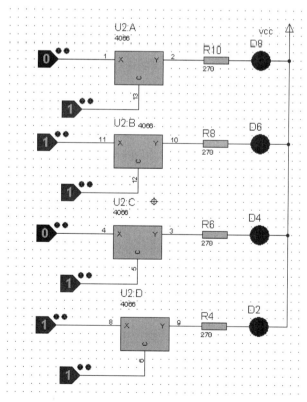

图 A-38　CD4066 芯片功能测试图

203

2. CD4066 芯片功能测试

首先,向 CD4066 芯片的 4 个输入端输入"0101",向 4 个控制端输入"0000",然后单击 Proteus 图屏幕左下角的运行键,系统开始运行,出现如图 A-39 所示的 CD4066 芯片功能测试结果图 1。CD4066 芯片的输出 Y 上的发光二极管没有变化,仍不亮。这表明,当 CD4066 芯片的 4 个控制端为低电位"0"时,4 个模拟开关都不导通。

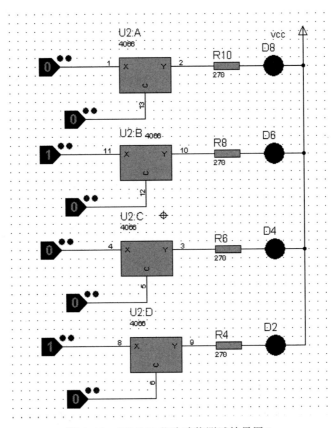

图 A-39　CD4066 芯片功能测试结果图 1

其次,仍向 CD4066 芯片的 4 个输入端输入"0101",向 4 个控制端输入"1111",将出现如图 A-40 所示的 CD4066 芯片功能测试结果图 2。CD4066 芯片的输出 Y 上的发光二极管呈"0101"状态(亮为 0,不亮为 1)。这表明,当 CD4066 芯片的 4 个控制端均为高电位"1"时,4 个模拟开关都导通,并把输入的状态"0101"直接传到输出上,使输出和输入状态相同。

3. 小结

根据对四双向模拟开关 CD4066 芯片功能测试,确定:当 CD4066 的四双向模拟开关中某一控制端为低电位时,对应的双向模拟开关不导通;当 CD4066 的某一控制端为高电位时,对应的双向模拟开关导通。

值得注意的是:凡属 CMOS 4000 系列的集成电路器件,因为输出的高、低电平电流很小(都小于 1mA,见前面介绍过的四电流参数表),在实际使用中不能直接驱动发光二极管

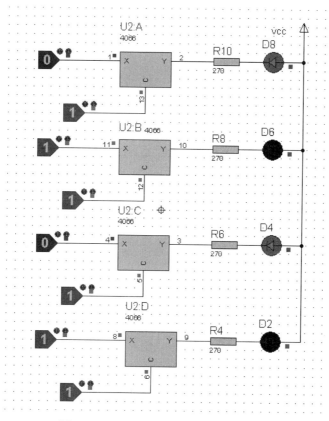

图 A-40　CD4066 芯片功能测试结果图 2

显示。测试时除了本例介绍的 Proteus 软件方法(既可以驱动发光二极管,也可以接"逻辑探针"调试元件)外,只能用万用表或示波器测量输出端电位的高低。

A.6.3　十进制同步可逆计数器 74LS190 功能测试

1. 74LS190 简介

74LS190 是一种 4 位十进制同步可逆计数器。所谓"可逆"是指既能作加法计数,又能作减法计数。74LS190 作加法计数时的状态转换图为:

$$0000 \rightarrow 0001 \rightarrow 0010 \rightarrow 0011 \rightarrow 0100$$
$$\uparrow \qquad\qquad\qquad \downarrow$$
$$1001 \leftarrow 1000 \leftarrow 0111 \leftarrow 0110 \leftarrow 0101$$

从状态转换图可以看出,每一计数脉冲使计数器输出加"1",加到最大值"1001"(十进制的"9")后,再从"0000"开始,如此重复。74LS190 作减法计数时的状态转换图为:

$$0000 \leftarrow 0001 \leftarrow 0010 \leftarrow 0011 \leftarrow 0100$$
$$\downarrow \qquad\qquad\qquad \uparrow$$
$$1001 \rightarrow 1000 \rightarrow 0111 \rightarrow 0110 \rightarrow 0101$$

从状态转换图可以看出,每一计数脉冲使计数器输出减"1",减到最小值"0000"后,再从

"1001"（十进制的"9"）开始减,如此重复。比较两图,发现两者除箭头方向相反外,其余相同。

图 A-41 是 74LS190 计数器引脚排列图。其中,LD 是异步预置数控制端;D_3、D_2、D_1、D_0 是预置数输入端;EN 是使能端,低电平有效;$D/\overline{U}$ 是加/减控制端,为"0"时作加法计数,为"1"时作减法计数;MAX/MIN 是最大/最小控制端;RCO 是进位/借位输出端。表 A-5 是 74LS190 计数器功能表。图 A-42 是利用 Proteus 软件绘制的 74LS190 芯片功能测试图。

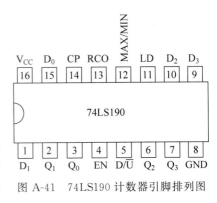

图 A-41　74LS190 计数器引脚排列图

表 A-5　74LS190 计数器功能表

预置	使能	加/减控制	时钟	预置数据输入				输　出				工作模式
LD	EN	$D/\overline{U}$	CP	D_3	D_2	D_1	D_0	Q_3	Q_2	Q_1	Q_0	
0	×	×	×	d_3	d_2	d_1	d_0	d_3	d_2	d_1	d_0	异步置数
1	1	×	×	×	×	×	×	保持				数据保持
1	0	0	↑	×	×	×	×	加法计数				加法计数
1	0	1	↑	×	×	×	×	减法计数				减法计数

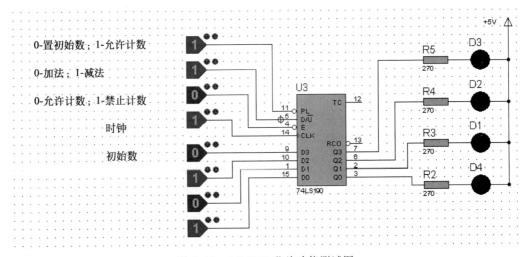

图 A-42　74LS190 芯片功能测试图

由表 A-5 可以看出,74LS190 计数器有异步置数、数据保持、加法和减法计数三大功能。

(1) 异步置数。当 LD=0 时,不管其他输入端的状态如何,不论有无时钟脉冲(CP),并行输入端的数据 $d_3d_2d_1d_0$ 被置入计数器的输出端,即 $Q_3Q_2Q_1Q_0 = d_3d_2d_1d_0$。由于这个操作不受 CP 控制,所以称为异步置数。该计数器无清零端,需清零时可用预置数的方法实现——预置0。

(2) 保持。当 LD=1,且 EN=1 时,计数器保持原来的状态不变。

(3) 计数。当 LD=1,且 EN=0 时,在 CP 端输入计数脉冲,计数器进行十进制计数。当 $D/\overline{U}$=0 时作加法计数;当 $D/\overline{U}$=1 时作减法计数。

另外,该电路还有最大/最小控制端(MAX/MIN)和进位/借位输出端(RCO)。它们的作用是:当加法计数计到最大值"1001"时,MAX/MIN 端输出 1,如果 CP=0,则 RCO=0,发出一个进位信号;当减法计数计到最小值"0000"时,MAX/MIN 端也输出 1,如果此时 CP=0,则 RCO=0,发出一个借位信号。

2. 74LS190 芯片功能测试

在图 A-42 中,74LS190 的 PL、D/$\overline{\text{U}}$、E、CLK 和 D3、D2、D1、D0 接"逻辑状态"调试元件(其中 PL、E、CLK 相当于图 A-41 中 74LS190 的 LD、EN、CP,D3、D2、D1、D0 相当于图 A-41 中74LS190 的 D_3、D_2、D_1、D_0),Q3、Q2、Q1、Q0(相当于图 A-41 中 74LS190 的 Q_3、Q_2、Q_1、Q_0)输出通过各自的限流电阻接发光二极管。发光二极管的负端接限流电阻,正端接正电源。当输出端为低电位时,发光二极管负极接低电位,发光二极管亮。当输出端为高电位时,发光二极管不亮。

(1) 向 D3、D2、D1、D0 输入"0101",向 PL、D/$\overline{\text{U}}$、E、CLK 输入"1001",单击 Proteus 图屏幕左下角的运行键,系统开始运行,使 PL 由"1"变"0",出现如图 A-43 所示的 74LS190 芯片功能测试结果图 1。此时,输出 Q3 和 Q1 上接的发光二极管亮,其余发光二极管则不亮,这和预置数输入端的"0101"是一致的。这表明当 PL=0 时,不管其他输入端的状态如何,并行输入端的数据"0101"被置入计数器的输出端,即 $Q_3Q_2Q_1Q_0=0101$。

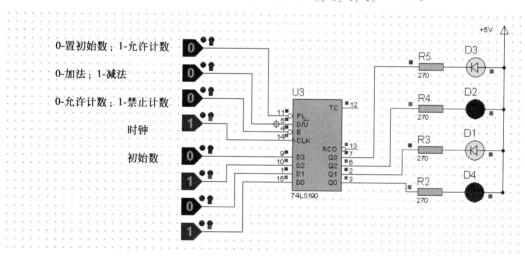

图 A-43 74LS190 芯片功能测试结果图 1

(2) 在图 A-43 的基础上,使 CLK 由"1"变"0",再由"0"变"1",每这样操作一次相当于输入一个脉冲,将出现如图 A-44 所示的 74LS190 芯片功能测试结果图 2。此时,输出 Q2和 Q1 上接的发光二极管亮,其余发光二极管不亮,灯所代表的数字是"9"(灯亮是"0",灯灭是"1")。原预置数是"0101",相当于十进制的"5",现在是"9",表明刚才输入 4 个脉冲到CLK 脚。假如,现在再向 CLK 输入一个脉冲,会发现 4 个灯全亮了,呈现数字是"0000"。这表明 74LS190 计数器计到最大值"1001"(十进制的"9")后,便再从"0000"开始计。如果继续向 CLK 输入脉冲,该计数器会重复 0~9 这一过程。

(3) 在图 A-44 的基础上,使 D/$\overline{\text{U}}$ 由"0"变"1"-表示要用减法计数了,再使 CLK 由"1"

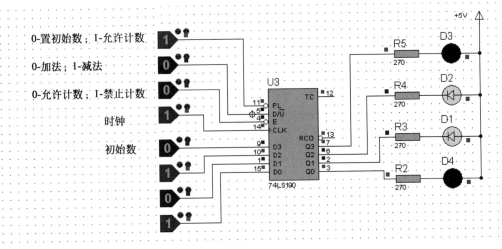

图 A-44　74LS190 芯片功能测试结果图 2

变"0",由"0"变"1",每这样操作一次相当于输入一个脉冲,将出现如图 A-45 所示的 74LS190 芯片功能测试结果图 3。此时,输出 Q3 上接的发光二极管不亮,其余发光二极管都亮,灯所代表的数字是"8"(灯亮是"0",灯灭是"1")。上次灯表示的数是"9",现在是"8",9-1=8,表明刚才输入 1 个脉冲信号给 CLK 脚,使计数器作减 1 计数了。此时如果继续向 CLK 输入脉冲,该计数器会继续作减 1 计数,到"0000"后,下一个数是"1001",再重复 9~0 这一过程。

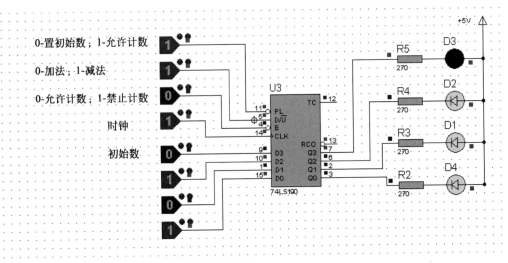

图 A-45　74LS190 芯片功能测试结果图 3

3. 小结

根据对 74LS190 芯片功能测试,确定 74LS190 有以下 3 个功能:

(1) 异步置数。当 LD＝0 时,不管其他输入端的状态如何,并行输入端的数据 $d_3d_2d_1d_0$(只限 0~9 之间的数)将被置入计数器的输出端,即 $Q_3Q_2Q_1Q_0＝D_3D_2D_1D_0$。

（2）保持。当 LD＝1，且 EN＝1 时，计数器保持原来的状态不变。

（3）计数。当 LD＝1，且 EN＝0 时，在 CP 端输入计数脉冲，计数器进行十进制（0～9）计数。当 $D/\bar{U}=0$ 时作加法计数；当 $D/\bar{U}=1$ 时作减法计数。而这两种计数方法，与前面介绍过的各自状态转换图一致。

A.7　Proteus 软件中的数字图表仿真

在 Proteus 软件中，对模拟信号用模拟图表仿真，对数字信号用数字图表仿真。数字图表显示的就像逻辑分析仪一样，以 X 轴为时间轴，Y 轴显示垂直方向信号的积累，这个信号可以是单个的位数据，也可以是总线信号。数字图表分析又称为数字暂稳态分析。数字暂稳态分析只考虑离散逻辑。

对数字电路使用数字图表仿真的步骤大致为：

（1）用 Proteus 软件绘出待仿真的电路原理图。

（2）为电路添加特定频率和幅度的时钟信号（如果需要）。

（3）为了观察信号的方便，在电路上适当的地方添加电压探针。

（4）在图上放置数字图表并设置属性：

① 在电路图上单击按钮"⊠"，将出现如图 A-46 所示的选择图。

② 在图上选择"DIGITAL"，在图纸空白处，用鼠标画一个方框，如图 A-47 所示。

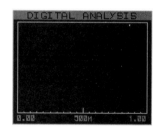

图 A-46　选择数字图表仿真"DIGITAL"　　　图 A-47　一个待设定的数字分析图表

③ 单击方框的框边，将图形放大为满屏。执行"Graph"→"Edit Graph"命令，将出现如图 A-48 所示的对话框。将"结束时间（Stop Time）"设置好后，单击"OK"按钮。

④ 执行"Graph"→"Add Traces"命令，将出现如图 A-49 所示的对话框。将待观察的电压探针名称填入后，单击"OK"按钮。

⑤ 执行"Graph"→"Simulate Graph"命令，一个数字图表就会显示出来。

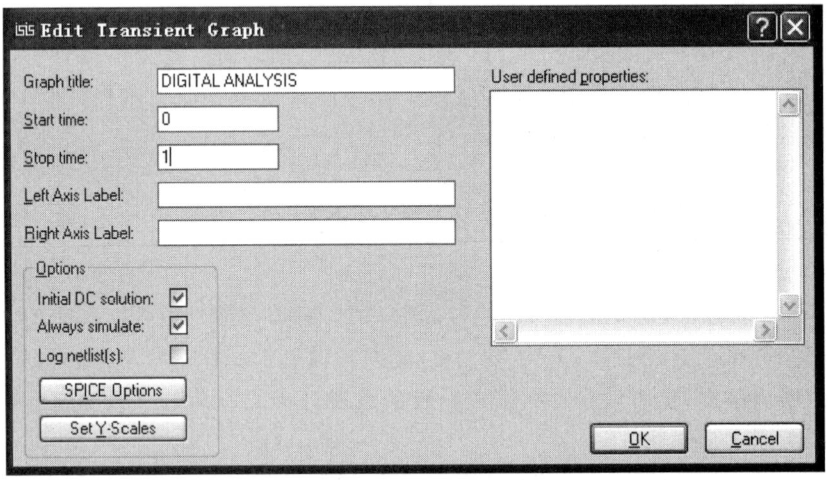

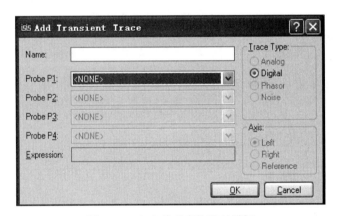

图 A-48　仿真时间起止设置对话框

图 A-49　加入待观察轨迹对话框

模 5 计数器功能测试

模 5 计数器就是计数值最大是 4 的计数电路,它具有自动复位功能。由 74LS393 构成的模 5 计数器电路原理如图 A-50 所示,图中 CLK 端加频率 1Hz 的方波时钟信号。该电路所需的元器件如表 A-6 所示。

表 A-6　模 5 计数器所需的元器件

库 元 件	说　　明	库 元 件	说　　明
74LS393	2 个 4 位二进制计数器	74LS08	2 个两输入的与门
7 SEG-BCD	七段 BCD 数码管	CLK 激励源	Low-High-Low,频率 1Hz

添加 5 个电压探针,分别命名为 Q0、Q1、Q2、Q3 和 RESET,如图 A-50 所示。

单击交互式仿真运行按钮,可以观察到数码管的值从 0 到 4 循环显示,完成模 5 的计数器功能,如图 A-51 所示。

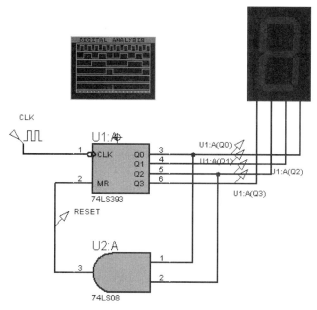

图 A-50　模 5 计数器电路原理图

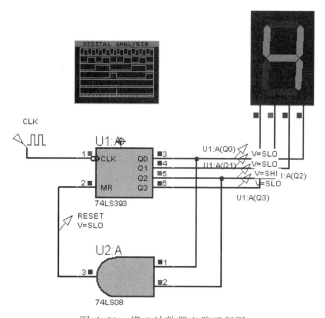

图 A-51　模 5 计数器电路运行图

由绘图模式,选择"DIGITAL",放置数字图表并设置属性,属性对话框参数设置如图 A-52 所示。将图 A-50 中的"DIGITAL ANALYSIS"图放大,执行"Graph"→"Simulate Graph"命令,将显示出数字分析图,如图 A-53 所示。

在生成的数字图表中,每个信号系统有可能出现 6 种逻辑电平,各逻辑电平代表的含义如表 A-7 所示。

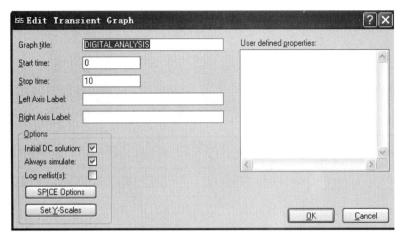

图 A-52　数字图表属性对话框

图 A-53　模 5 计数器的数字图表仿真导线信号图

表 A-7　6 种逻辑电平表

逻 辑 状 态	关　键　字	表 示 符 号
Strong High	SHI	逻辑高电平,青绿色
Weak High	WHI	逻辑高电平,蓝色
Floating	FLT	浮动电平(中间电平),白色
Connection	CON	中间电平,黄色
Weak Low	WLO	逻辑低电平,蓝色
Strong Low	SLO	逻辑低电平,青绿色

测试数字图表中逻辑电平的方法主要有以下两种:

(1) 观察颜色。

(2) 用基准指针测试,此时轨迹线名称处会显示逻辑状态,这时可以观察所有轨迹线的电平情况,如图 A-54 所示,CLK Q0 Q1 Q2 Q3 RESET＝HHHLLL(111000)。

图 A-54　观察所有轨迹线的逻辑电平

A.8　小结

本附录主要介绍 Proteus 软件的原理图设计方法和 Proteus 软件的仿真调试方法。关于用 Proteus 软件对数字电路作交互式仿真和基于图表的仿真,共举了 4 个例子。

附录B

全书实例索引

参 考 文 献

[1] 闫石.数字电子技术基础[M].5 版.北京：高等教育出版社,2006.
[2] 穆克,等.电路电子技术实验与仿真[M].北京：化学工业出版社,2014.
[3] 王冬霞.集成门电路应用电路设计[M].北京：清华大学出版社,2013.
[4] 王新贤.通用集成电路速查手册[M].济南：山东科学技术出版社,2009.
[5] 赵景波.数字电子技术应用基础[M].北京：人民邮电出版社,2009.
[6] 杜树春.基于 Proteus 的数字集成电路快速上手[M].北京：电子工业出版社,2012.
[7] 杜树春.集成运算放大器应用经典实例[M].北京：电子工业出版社,2015.
[8] 杜树春.集成运算放大器及其应用[M].北京：电子工业出版社,2018.

图 书 资 源 支 持

感谢您一直以来对清华大学出版社图书的支持和爱护。为了配合本书的使用，本书提供配套的资源，有需求的读者请扫描下方的"书圈"微信公众号二维码，在图书专区下载，也可以拨打电话或发送电子邮件咨询。

如果您在使用本书的过程中遇到了什么问题，或者有相关图书出版计划，也请您发邮件告诉我们，以便我们更好地为您服务。

我们的联系方式：

地　　址：北京市海淀区双清路学研大厦 A 座 701

邮　　编：100084

电　　话：010-83470236　010-83470237

资源下载：http://www.tup.com.cn

客服邮箱：2301891038@qq.com

QQ：2301891038（请写明您的单位和姓名）

科技传播·新书资讯

电子电气科技荟

资料下载·样书申请

书圈

用微信扫一扫右边的二维码，即可关注清华大学出版社公众号。